A HISTORY OF JAPANESE POSTAGE STAMPS UP TO 1892

大日本郵便切手沿革史（展示）

Publisher: Stampedia, inc.
Author : YOSHIDA Takashi
Date of issue: Feb. 1st 2021
Number of Issue : 100
Price : 900 Yen (VAT excluded)

4-7-803 Kojimachi, Chiyoda, Tokyo, 102-0083
Design : YOSHIDA Takashi, Tokyo
Printing : Printpac, Kyoto

はじめに

２０１９年４月１９日から２１日にかけて、郵政博物館（東京スカイツリー）で「前島密 没後100年記念展」という切手展が開催され、一般の方を含めて役１，０００名のご来場がありました。

本書は、同展覧会にて展示した８フレーム作品を編集し掲載したものですので、展覧会パンフレットに掲載された作品紹介を以下に引用します。

> 本コレクションには、明治29年３月６日(1896年)に逓信省通信局から刊行された同名の書籍の全てのページが展示されています。
>
> この書籍は、誰でもが書店で買い求められる様な本ではなく、限定500部・非売品で、主に日本政府高官や外国大使等に贈呈されたと言われています。
>
> 最大の特徴は、明治４年より27年３月迄に発行された現物の切手やステーショナリーが貼り付けられていることです。(一部模刻)つまりこの一冊を入手すれば､前島密の功績の一つである日本の初期の「切手」「葉書」などを全て未使用で入手することができます。日本人はもちろん海外の切手収集家の中にもこの書籍の完全本を所有する人がいるほどです。
>
> また、切手の製造や使用に関する貴重な資料や統計が付属しており、日本の初期の切手の高度なコレクションを作るにあたって参考となる情報が詰まった第一級の郵趣文献と評価されています。

著者はこの書籍を２冊保有していますが、資料チェックに現物を見るのはどうも気が引けるため、作品集をPDFで保管して使用していました。そのPDFを友人の収集家に差し上げたところ、大変お喜びいただけた事から、今回の出版を思いつきました。残念ながら現物の切手は貼ってありませんが、その分お手元に置いていただき、お気軽に開いてご活用ください。

書　名：大日本郵便切手沿革史（展示）
著　者：吉田　敬
発　行：無料世界切手カタログ・スタンペディア株式会社
定　価：900円（消費税別）
発行数：100部
発行日：2021年２月１日

大日本帝国郵便切手沿革史

明治 29 年 3 月 6 日発行書籍

本コレクションには、明治 29 年 3 月 6 日（1896 年）に逓信省通信局から刊行された同名の書籍の全てのページが展示されています。

この書籍は、誰でもが書店で買い求められる様な本ではなく、限定 500 部・非売品で、主に日本政府高官や外国大使等に贈呈されたと言われています。

最大の特徴は、明治 4 年より 27 年 3 月迄に発行された現物の切手やステーショナリーが貼り付けられていることです。（一部模刻）つまりこの一冊を入手すれば、前島密の功績の一つである日本の初期の「切手」「葉書」などを全て未使用で入手することができます。日本人はもちろん海外の切手収集家の中にもこの書籍の完全本を所有する人がいるほどです。

また、切手の製造や使用に関する貴重な資料や統計が付属しており、日本の初期の切手の高度なコレクションを作るにあたって参考となる第一の文献と評価されています。

「日本郵便の父」である前島密は、「日本切手の父」でもあります。本展示においては、前島密が発行した明治初期の全ての日本切手やステーショナリー（葉書、切手付き封筒など）をお楽しみください。

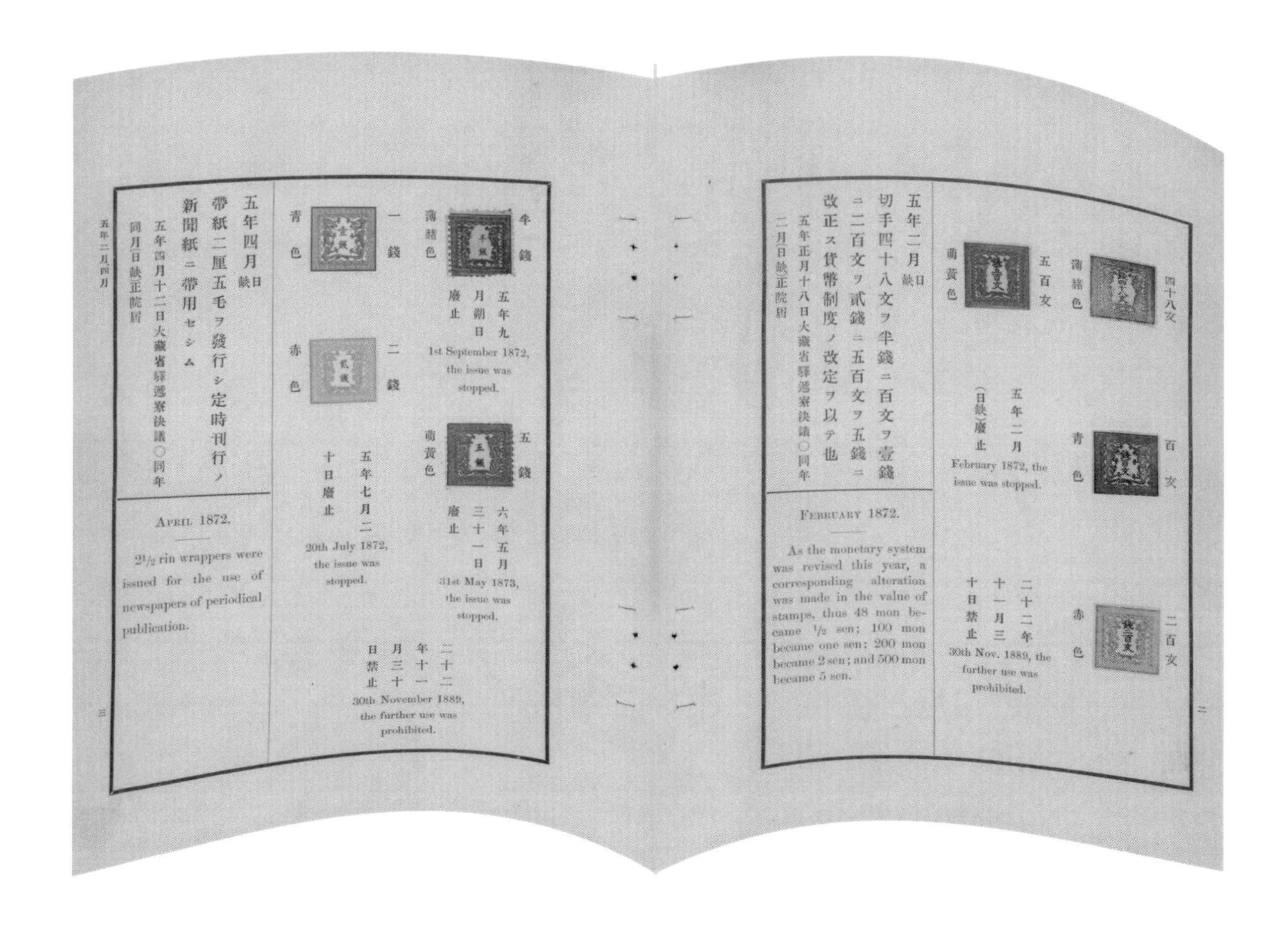

五年二月 日缺

切手四十八文ヲ半錢ニ百文ヲ壹錢ニ二百文ヲ貳錢ニ五百文ヲ五錢ニ改正ス貨幣制度ノ改定ヲ以テ也

五年正月十八日大藏省驛遞寮決議○同年二月日缺正院附

FEBRUARY 1872.

As the monetary system was revised this year, a corresponding alteration was made in the value of stamps, thus 48 mon became ½ sen; 100 mon became one sen; 200 mon became 2 sen; and 500 mon became 5 sen.

四十八文 海緒色

百文 青色

二百文 赤色

五百文 萠黄色

五年二月（日缺）廢止

February 1872, the issue was stopped.

二十二年十一月三十日禁止

30th Nov. 1889, the further use was prohibited.

二

五年四月 日缺

帶紙二厘五毛ヲ發行シ定時刊行ノ新聞紙ニ帶用セシム

五年四月十二日大藏省驛遞寮決議○同年同月日缺正院附

APRIL 1872.

2½ rin wrappers were issued for the use of newspapers of periodical publication.

半錢 海緒色

五年九月朔日廢止

1st September 1872, the issue was stopped.

一錢 青色

二錢 赤色

五年七月二十日廢止

20th July 1872, the issue was stopped.

五錢 萠黄色

六年五月三十一日廢止

31st May 1873, the issue was stopped.

二十二年十一月三十日禁止

30th November 1889, the further use was prohibited.

五年二月四月

三

表紙

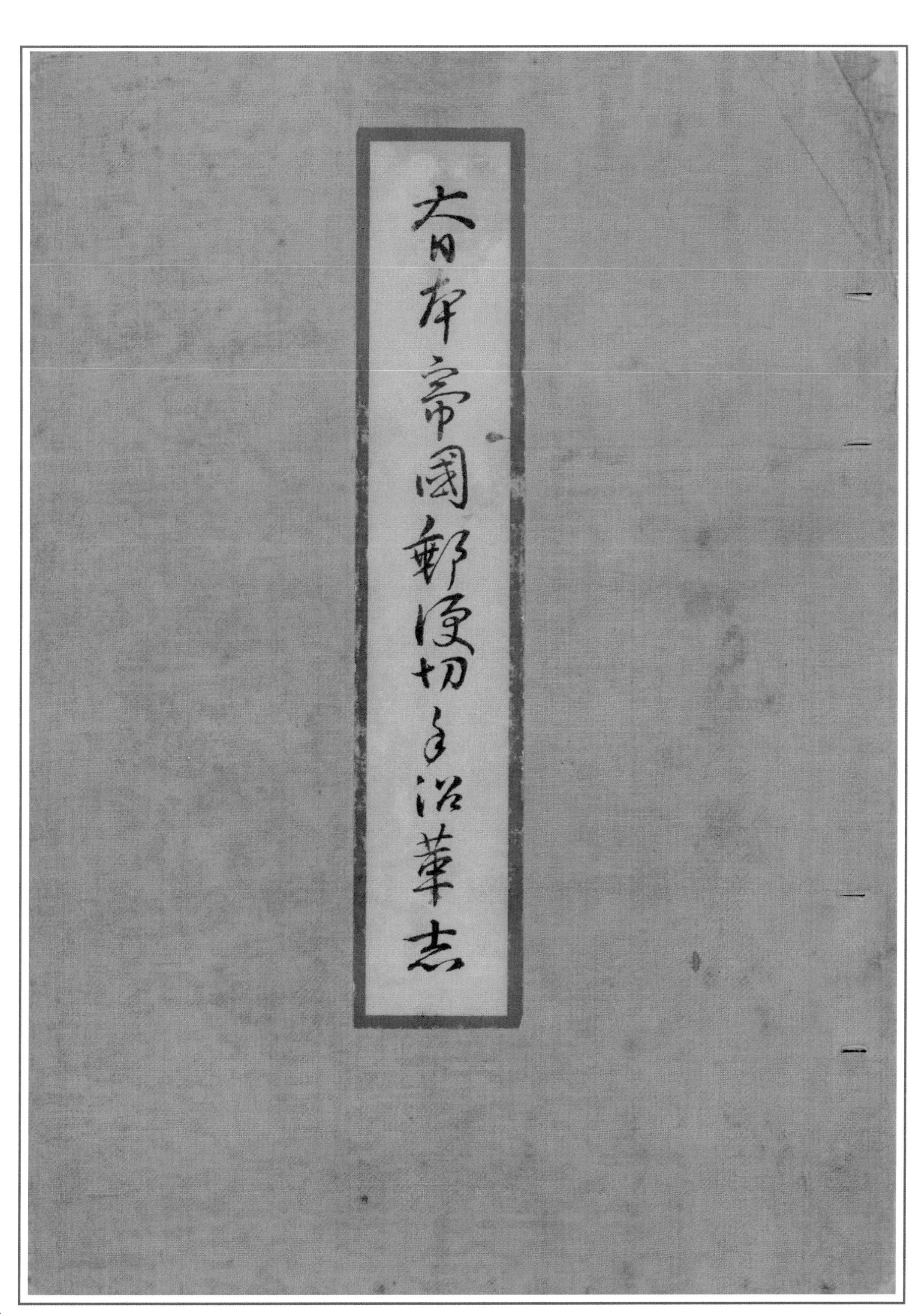

表紙裏

内表紙

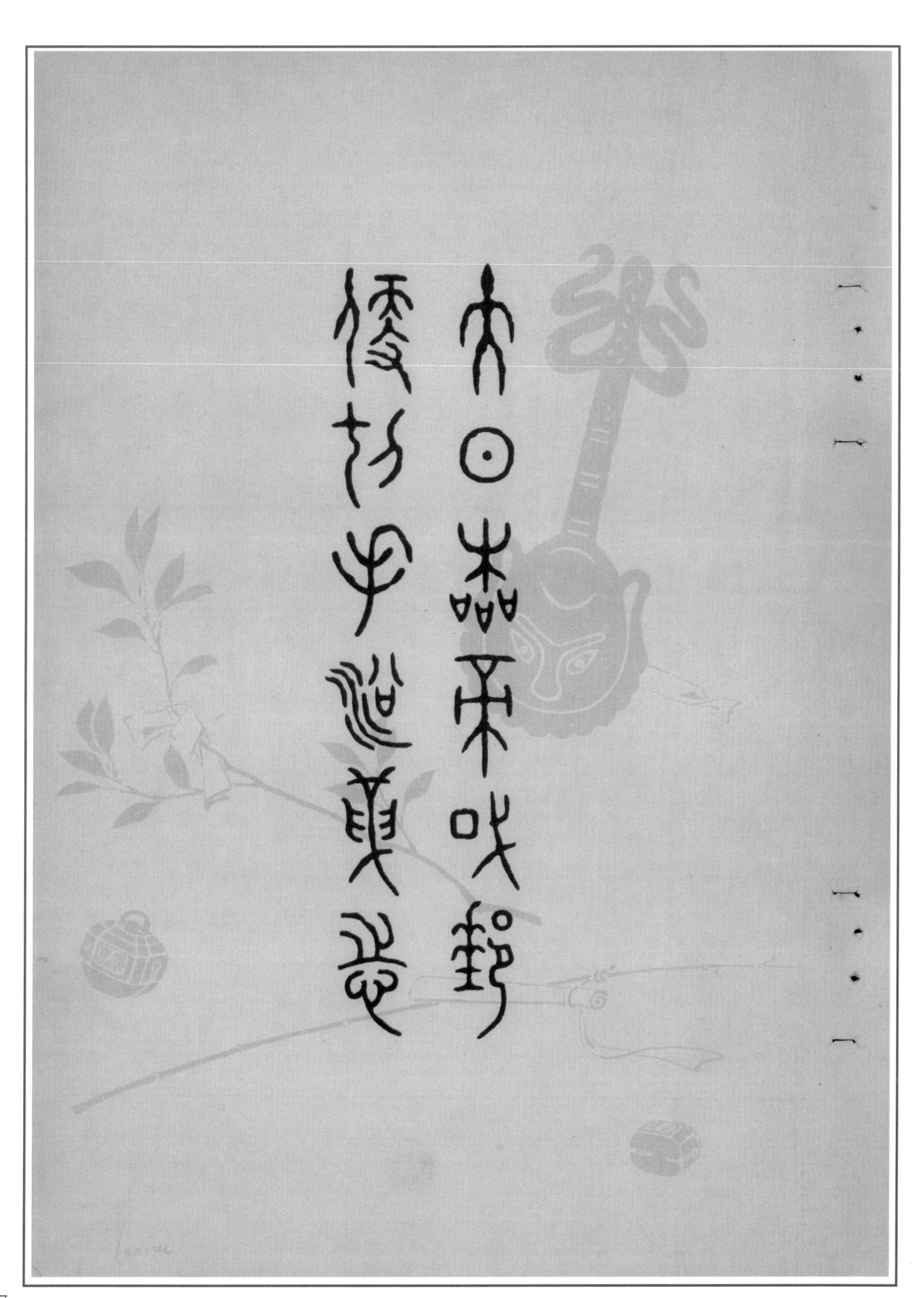

内表紙裏

例言

郵便切手沿革志

例言

一本編ハ大日本帝國郵便切手葉書封皮帶紙及飛信切手電信切手ノ沿革ヲ敍記シ明治四年三月ニ起リ二十七年三月ニ至ル

一本編ハ本省存スル所ノ決議簿册ヲ以テ材料ト爲シ其大綱ヲ擧ク切手類見本ハ皆當時發行ノ者ヲ貼付ス但五年二月發行ノ一錢二錢切手五年四月發行ノ帶紙六年十二月發行ノ半錢一錢葉書各二種及長形二錢封嚢ハ其員數不足ナルヲ以テ之ヲ模刻ス

一本編ハ年次編纂シ種類ヲ以テ分タス故ニ先ツ一覽表ヲ揭ケ其種別ヲ示ス

例言

一歐文ハ毎項對照スト雖モ附註及諸表ハ之ヲ略ス
一飛信切手ハ郵便切手ト同稱セサルヲ以テ巻末ニ附錄トシ電信切手亦其種異ナルヲ以テ二十一年三月郵便切手ト改正ノ項ニ附載シ以テ其顚末ヲ示ス
一切手類製造費及賣下枚數表亦巻末ニ掲ク税率諸表ハ改廢頗ル繁雜ナルヲ以テ現行表ノミヲ掲ク

明治二十七年十二月

二

一覧表

郵便切手沿革一覧表（1）

郵便切手沿革一覧表

切手ノ部

整理番號	種類	發行年月日	廢止年月日	使用禁止年月日
一	四拾八文 薄赭色	明治四年三月朔日	五年二月(日缺)	二十二年十一月三十日
二	半錢 薄赭色	五年二月(日缺)	五年九月朔日	二十二年十一月三十日
三	半錢 薄赭色	五年九月朔日	八年二月四日	二十二年十一月三十日
四	半錢 淡黒色	八年二月四日	九年五月十七日	二十二年十一月三十日
五	五厘 淡黒色	九年五月十七日	現行	○
六	百文 青色	四年三月朔日	五年二月(日缺)	二十二年十一月三十日
七	壹錢 青色	五年二月(日缺)	五年七月二十日	二十二年十一月三十日
八	壹錢 青色	五年七月二十日	八年二月四日	二十二年十一月三十日
九	壹錢 薄赭色	八年二月四日	九年五月十七日	二十二年十一月三十日
一〇	壹錢 黒色	九年五月十七日	十二年十月十一日	二十二年十一月三十日
一一	壹錢 代赭色	十二年十月十一日	十六年一月一日	二十二年十一月三十日
一二	壹錢 綠色	十六年一月一日	現行	○
一三	貳百文 赤色	四年三月朔日	五年二月(日缺)	二十二年十一月三十日

一

一覧表

郵便切手沿革一覧表（2）

整理番號	種類	發行年月日	廢止年月日	使用禁止年月日
一四	貳錢 赤色	五年二月(日缺)	五年七月二十日	二十二年十一月三十日
一五	貳錢 赤色	五年七月二十日	六年六月五日	二十二年十一月三十日
一六	貳錢 黄色	六年六月五日	九年五月十七日	二十二年十一月三十日
一七	貳錢 黄緑色	九年五月十七日	十二年十月十一日	二十二年十一月三十日
一八	貳錢 桔梗色	十二年十月十一日	十六年一月一日	二十二年十一月三十日
一九	貳錢 紅色	十六年一月一日	現行	○
無號	特別貳錢 紅色	二十七年三月九日	現行	○
二〇	三錢 濃橙黄色	十二年六月三十日	二十一年三月十日	二十二年十一月三十日
無號	三錢 鴇(トキ)色	二十五年五月六日	現行	○
二一	四錢 淡紅色	六年四月一日	八年二月四日	二十二年十一月三十日
二二	四錢 緑色	八年二月四日	九年六月二十三日	二十二年十一月三十日
二三	四錢 老緑色	九年六月二十三日	二十一年三月十日	二十二年十一月三十日
二四	四錢 茶褐色	二十一年三月十日	現行	○
二五	五百文 萠黄色	四年三月朔日	五年二月(日缺)	二十二年十一月三十日
二六	五錢 萠黄色	五年二月(日缺)	六年五月三十一日	○

一覧表

郵便切手沿革一覧表（3）

切手ノ部

二七	五錢 萠黄色	九年三月十九日	九年六月二十三日	二十二年十一月三十日
二八	五錢 代赭色	九年六月二十三日	十六年一月一日	二十二年十一月三十日
二九	五錢 藍色	十六年一月一日	現行	○
無號	特別五錢 藍色	二十七年三月九日	現行	○
三〇	六錢 嬌栗色	七年一月一日	八年二月四日	二十二年十一月三十日
三一	六錢 橙黄色	八年二月四日	十年六月二十九日	二十二年十一月三十日
三二	六錢 橙黄色	十年六月二十九日	二十一年三月十日	二十二年十一月三十日
三三	八錢 嬌栗色	十年十一月二十日	二十一年三月十日	二十二年十一月三十日
三四	八錢 桔梗色	二十一年三月十日	現行	○
三五	拾錢 綠色	五年九月朔日	八年二月四日	二十二年十一月三十日
三六	拾錢 青色	八年二月四日	十年六月二十九日	二十二年十一月三十日
三七	拾錢 青色	十年六月二十九日	二十一年三月十日	二十二年十一月三十日
三八	拾錢 暗橙黄色	二十一年三月十日	現行	○
三九	拾貳錢 淡紅色	八年一月一日	十年六月二十九日	二十二年十一月三十日
四〇	拾貳錢 淡紅色	十年六月二十九日	二十一年三月十日	二十二年十一月三十日
四一	拾五錢 淡紫色	八年一月一日	十年六月二十九日	二十二年十一月三十日

三

一覧表

郵便切手沿革一覧表（4）

整理番號	種類	發行年月日	廢止年月日	使用禁止年月日
四二	拾五錢 綠色	十年六月二十九日	二十一年三月十日	二十二年十一月三十日
四三	拾五錢 紫色	二十一年三月十日	現行	○
四四	貳拾錢 紫色	五年九月朔日	八年二月四日	二十二年十一月三十日
四五	貳拾錢 紅色	八年二月四日	十年八月十八日	二十二年十一月三十日
四六	貳拾錢 濃青色	十年八月十八日	二十一年三月十日	二十二年十一月三十日
四七	貳拾錢 赤色	二十一年三月十日	現行	○
四八	貳拾五錢 淡綠色	二十一年三月十日	現行	○
四九	三拾錢 淡黑色	五年九月朔日	八年二月四日	二十二年十一月三十日
五〇	三拾錢 紫色	八年二月四日	十年八月十八日	二十二年十一月三十日
五一	三拾錢 紫色	十年八月十八日	二十一年三月十日	二十二年十一月三十日
五二	四拾五錢 紅色	八年一月一日	十年八月十八日	二十二年十一月三十日
五三	四拾五錢 深紅色	十年八月十八日	二十一年三月十日	二十二年十一月三十日
五四	五拾錢 深紅色	十二年六月三十日	二十一年三月十日	二十二年十一月三十日
五五	五拾錢 濃赭色	二十一年三月十日	現行	○
五六	壹圓 濃紅色	二十一年三月十日	現行	○

四

一覧表

郵便葉書沿革一覧表（1）

葉書ノ部

郵便葉書沿革一覧表

整理番號	種類	發行年月日	廢止年月日	使用禁止年月日
一	半錢 表輪廓紅印面代赭裏赤色	六年十二月一日	六年十二月（日缺）	二十二年十一月三十日
二	半錢 表橙黄 裏赤色	六年十二月（日缺）	七年四月一日	二十二年十一月三十日
三	半錢 表橙黄 裏赤色	七年四月一日	八年五月十日	二十二年十一月三十日
四	半錢 印面橙黄色 用紙淡紅色	八年五月十日	九年九月十九日	二十二年十一月三十日
無號	半錢 印面橙黄 用紙白色	八年十一月（日缺）	九年九月十九日	○
五	五厘 橙黄色	九年九月十九日	二十二年十一月三十日	○
六	壹錢 表輪廓紅印面青色裏赤色	六年十二月一日	六年十二月（日缺）	二十二年十一月三十日
七	壹錢 表青 裏赤色	六年十二月（日缺）	七年四月一日	二十二年十一月三十日
八	壹錢 表青 裏赤色	七年四月一日	八年五月十日	二十二年十一月三十日
九	壹錢 印面青色 用紙淡紅色	八年五月十日	九年九月十九日	二十二年十一月三十日
無號	壹錢 印面青 用紙白色	八年十一月（日缺）	九年九月十九日	○
一〇	壹錢 青色	九年九月十九日	現行	○
一一	萬國聯合 貳錢 黄綠色	十二年六月三十日	現行 二十五年七月二十九日用紙改正	○

五

一覧表

郵便葉書沿革一覧表（2）
郵便封皮沿革一覧表（1）

整理番號	種類	發行年月日	廢止年月日	使用禁止年月日
一二	三錢 黄緑色	十年十一月二十日	十二年六月三十日	○
一三	萬國聯合三錢 緑色	十二年六月三十日	現行 二十五年七月二十九日用紙改正	○
一四	五錢 緑色	十年十一月二十日	十二年六月三十日	○
一五	六錢 橙黄色	十年十一月二十日	十二年六月三十日	○
一六	往復貳錢 紅色	十八年一月一日	現行	○
一七	萬國聯合往復四錢 紅色	十八年一月一日	現行 二十五年七月二十九日用紙改正	○
一八	萬國聯合往復六錢 橙黄色	十八年一月一日	現行 二十五年七月二十九日用紙改正	○

六

郵便封皮沿革一覽表

整理番號	種類	賣價	發行年月日	廢止年月日	使用禁止年月日
一	角形壹錢 印面青色	壹錢參厘	六年十二月一日	七年四月一日	二十二年十一月三十日
二	角形壹錢 印面青色	壹錢參厘 八年一月ヨリ壹錢壹厘	七年四月一日	二十一年三月十日	二十二年十一月三十日
三	角形貳錢 印面黄色	貳錢四厘	六年十二月一日	七年四月一日	二十二年十一月三十日
四	角形貳錢 印面黄色	貳錢四厘 八年一月ヨリ貳錢貳厘	七年四月一日	十年六月二十九日	二十二年十一月三十日
五	角形貳錢 印面黄緑色	貳錢貳厘	十年六月二十九日	現行 二十一年三月三十一日用紙改正	○

一覧表

郵便封皮沿革一覧表（2）
郵便帯紙沿革一覧表（1）

六	角形四錢 印面淡紅色	四錢五厘	六年十二月一日	七年四月一日	二十二年十一月三十日
七	角形四錢 印面淡紅色	四錢五厘（八年一月ヨリ四錢貳厘）	七年四月一日	二十一年三月十日	二十二年十一月三十日
八	長形貳錢 印面黄色	貳錢四厘	六年十二月一日	七年四月一日	二十二年十一月三十日
九	長形貳錢 印面黄色	貳錢四厘（八年一月ヨリ貳錢壹厘）	七年四月一日	十年六月二十九日	二十二年十一月三十日
一〇	長形貳錢 印面黄綠色	貳錢壹厘（二十一年三月ヨリ貳錢貳厘）	十年六月二十九日	現行（二十一年三月三十一日用紙改正）	○
一一	長形四錢 印面淡紅色	四錢五厘	六年十二月一日	七年四月一日	二十二年十一月三十日
一二	長形四錢 印面淡紅色	四錢五厘（八年一月ヨリ四錢貳厘）	七年四月一日	二十一年三月十日	二十二年十一月三十日
一三	長形六錢 印面栗色	六錢六厘	六年十二月一日	七年四月一日	二十二年十一月三十日
一四	長形六錢 印面嬌栗色	六錢六厘（八年一月ヨリ六錢貳厘）	七年四月一日	二十一年三月十日	二十二年十一月三十日

郵便帯紙沿革一覧表

整理番號	種類	發行年月日	廢止年月日	使用禁止年月日
一	貳厘五毛 紅色	五年四月（日缺）	八年四月（日缺）	○
二	貳厘五毛 紅色	八年四月（日缺）	十三年六月（日缺）	○
三	貳厘五毛 紅色	十三年六月（日缺）	二十二年十一月三十日	○
四	壹錢 藍色	十七年四月二十九日	二十二年十一月三十日	○

七

一覧表

電信切手沿革一覧表（1）

電信切手沿革一覧表

種類	發行年月日	廢止年月日	使用禁止年月日
壹錢 茶褐色	十八年五月七日	二十一年三月十日	二十三年二月二十八日
貳錢 淡紅色	同	同	同
三錢 橙黄色	同	同	同
四錢 萠黄色	同	同	同
五錢 淡青色	同	同	同
拾錢 赤色	同	同	同
拾五錢 赭色	同	同	同
貳拾五錢 濃青色	同	同	同
五拾錢 紫色	同	同	同
壹圓 濃青色及赤色	同	同	同

八

明治４年（1871）

３月朔日　日本初の切手の発行

郵便切手沿革志

明治四年三月朔日

始テ郵便切手四十八文百文二百文五百文ヲ發行ス初メ民部省辨官ニ稟議ス曰ク信書郵傳ノ事タル世上最モ重要ト爲ス然ルニ舊來之ヲ商家ニ托シ高價ノ賃錢ヲ以テ遞送ヲ遲滯シ或ハ亡失スルニ至ル是レ公私ノ常ニ遺憾トスル所ナリ今新タニ官便法ヲ設ケ上下容易ニ聲息ヲ通シ狀況ヲ知ルヲ得ハ其便益豈至大ナラスヤ是ニ至テ之ヲ發行シ先ツ三府及東海道各驛ニ施行ス

三年六月二日民部省驛遞司決議○四年三月二十四日辨官達

四年三月

A SHORT HISTORY OF JAPANESE POSTAGE STAMPS.

It was on the 1st March 1871 that the first postage stamps were issued in Japan. They were of four different denominations, viz: 48 mon; 100 mon; 200 mon; and 500 mon.

Before that date the Civil Government had seen the necessity for the adoption of a regular postal organization, and they were led to bring the following proposition before the Central Government:— "The public recognize the great "importance of the establishment of a regular postal system in this country. Up "to the present time messages and letters are still entrusted to private messengers "or carriers and heavy fees are charged for them. This causes the public to "regret the want of arrangements for facilitating the means of communication. "If, at the present time, the Government would organize a postal system and "thus facilitate communications both for the public and for private individuals, "it would be greatly conducive to the public benefit."

The reasons given for this proposition were proved to be correct and the first postal organization was established in the towns along the Tokaido and in the three cities: Tokio, Kioto, and Osaka, and at the same the first issue of stamps was made.

明治４年（1871）

３月朔日 日本初の切手の発行
翌２月 貨幣制度改定に伴う新切手の発行

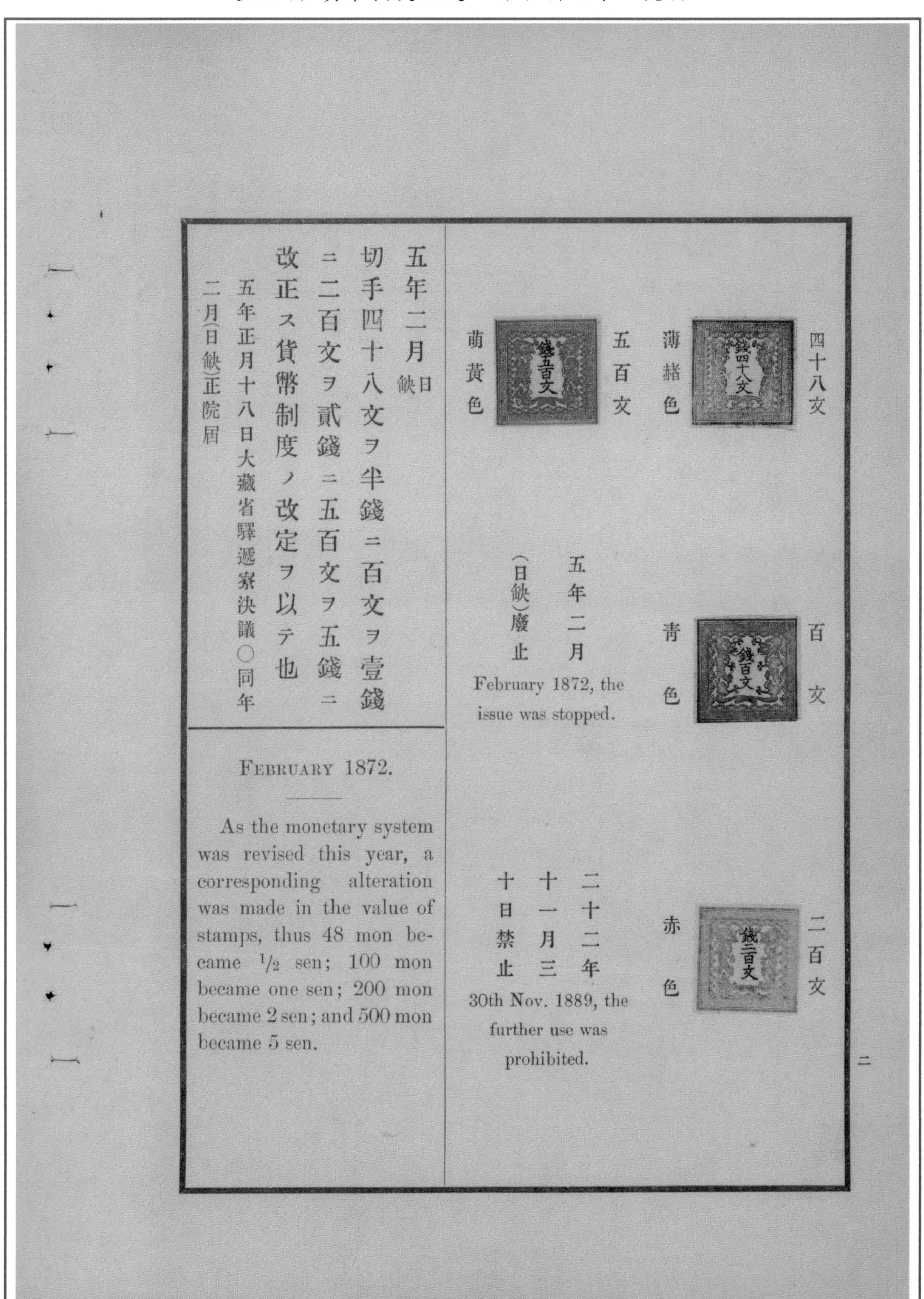

五年二月（日缺）

切手四十八文ヲ半錢ニ百文ヲ壹錢ニ二百文ヲ貳錢ニ五百文ヲ五錢ニ改正ス貨幣制度ノ改定ヲ以テ也

五年正月十八日大藏省驛遞寮決議○同年二月（日缺）正院屆

FEBRUARY 1872.

As the monetary system was revised this year, a corresponding alteration was made in the value of stamps, thus 48 mon became 1/2 sen; 100 mon became one sen; 200 mon became 2 sen; and 500 mon became 5 sen.

五年二月（日缺）廢止

February 1872, the issue was stopped.

二十二年十一月三十日禁止

30th Nov. 1889, the further use was prohibited.

二

明治５年（1872）

２月 貨幣制度改定に伴う新切手の発行
４月 郵便帯紙（２厘５毛）の発行

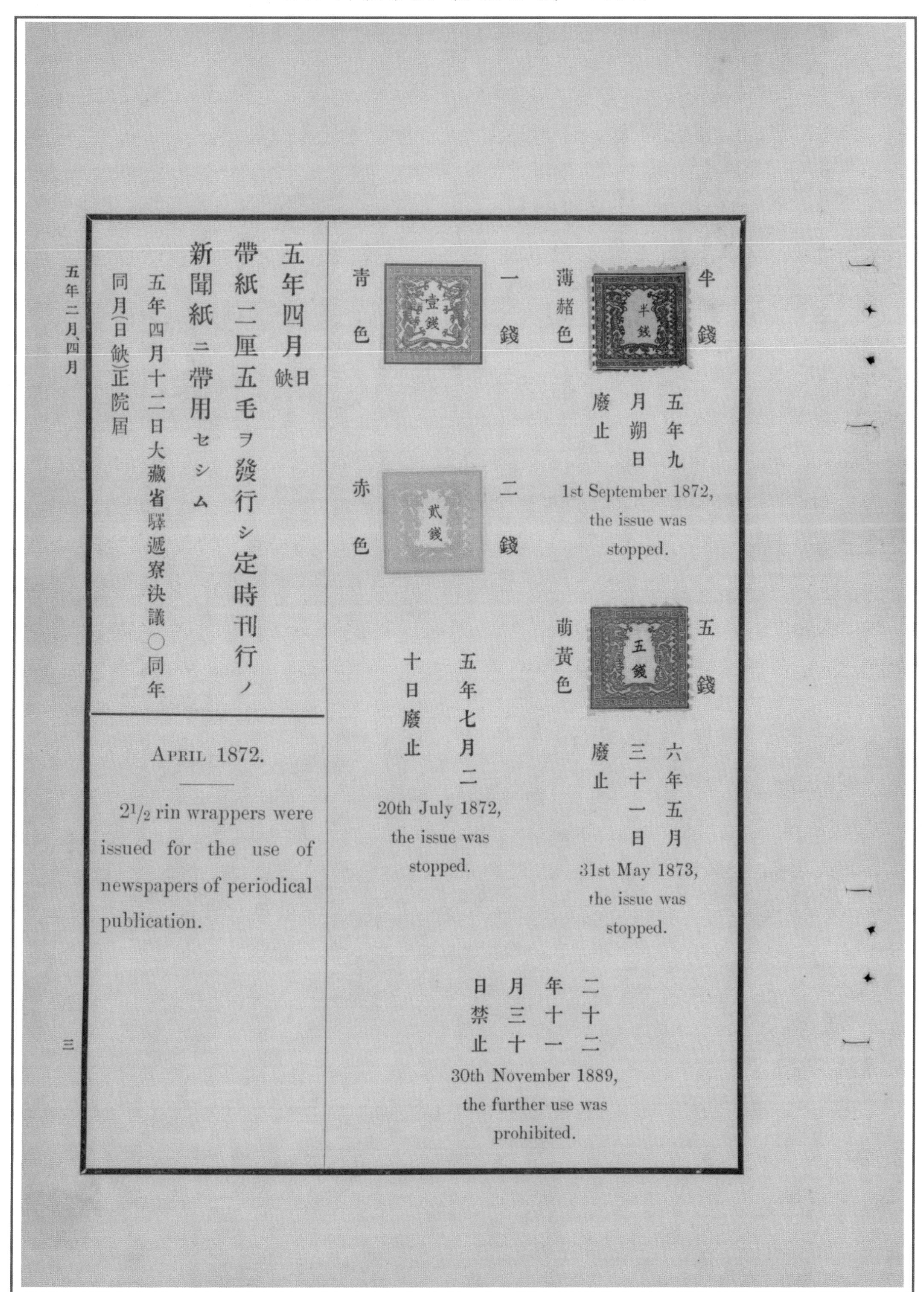

半錢 薄赭色

五年九月朔日廢止

1st September 1872, the issue was stopped.

一錢 青色

二錢 赤色

五年七月二十日廢止

20th July 1872, the issue was stopped.

五錢 萌黄色

六年五月三十一日廢止

31st May 1873, the issue was stopped.

二十二年十一月三十日禁止

30th November 1889, the further use was prohibited.

五年四月^缺日^

帶紙二厘五毛ヲ發行シ定時刊行ノ新聞紙ニ帶用セシム

五年四月十二日大藏省驛遞寮決議○同年同月（日缺）正院屆

April 1872.

$2^1/_2$ rin wrappers were issued for the use of newspapers of periodical publication.

五年二月、四月

三

明治5年（1872）

4月 郵便帯紙（2厘5毛）の発行
7月20日1銭、2銭切手の改訂

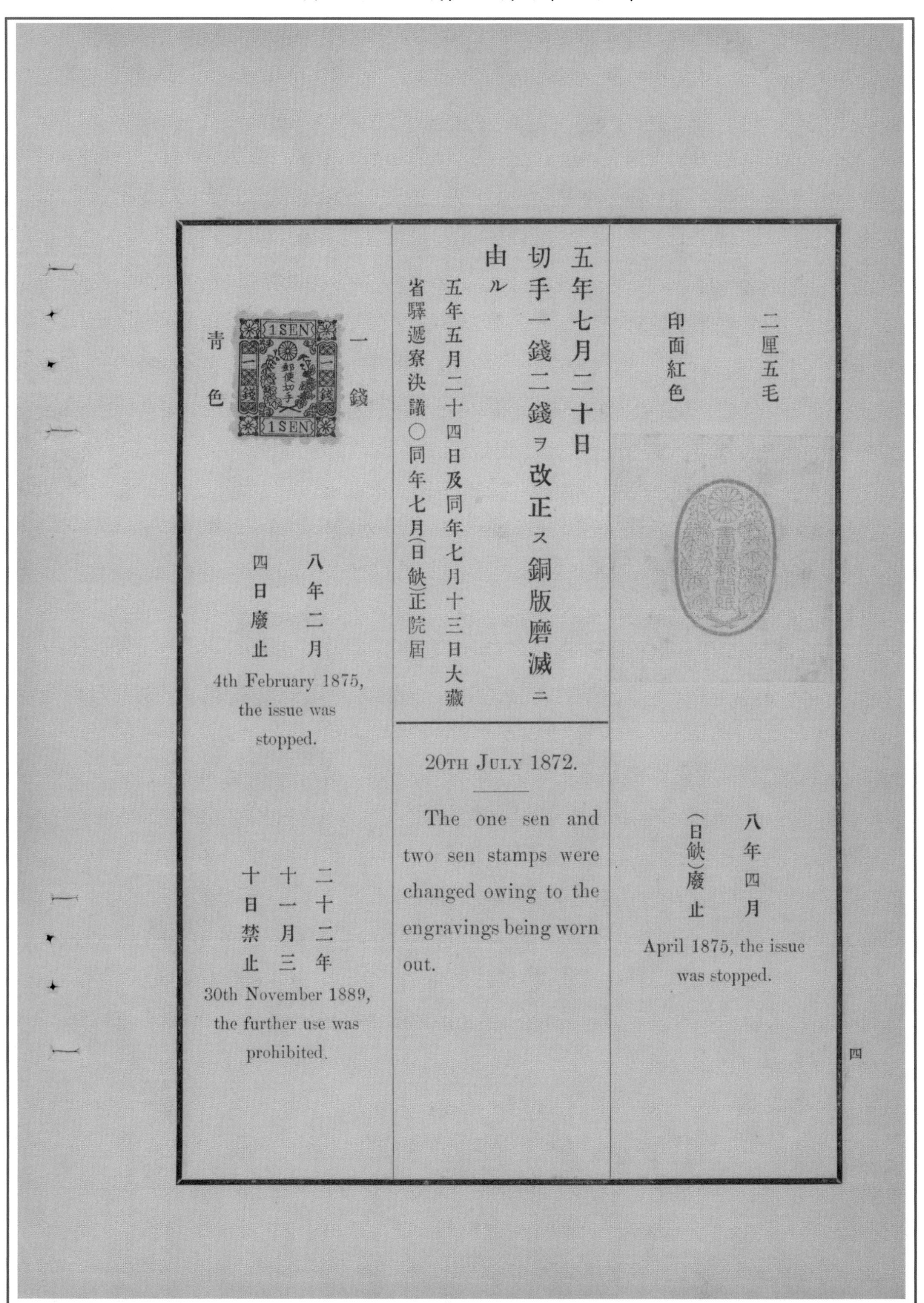
二厘五毛

印面紅色

八年四月(日缺)廢止

April 1875, the issue was stopped.

五年七月二十日

切手一銭二銭ヲ改正ス銅版磨滅ニ由ル

五年五月二十四日及同年七月十三日大藏省驛遞寮決議○同年七月(日缺)正院罹

20TH JULY 1872.

The one sen and two sen stamps were changed owing to the engravings being worn out.

一銭

青色

八年二月四日廢止

4th February 1875, the issue was stopped.

二十二年十一月三十日禁止

30th November 1889, the further use was prohibited.

四

明治５年（1872）

７月20日１銭、２銭切手の改訂
９月朔日 10, 20, 30銭切手の発行 半銭切手の改訂

五年七月九月

二錢

赤色

六年六月五日廢止

5th June 1873, the issue was stopped.

二十二年十一月三十日禁止

30th November 1889, the further use was prohibited.

五年九月朔日

切手十錢二十錢三十錢ヲ發行シ半錢ヲ改正ス是ヨリ先キ全國ノ郵路既ニ開ケ需用益〻多シ而ルニ切手少種ニシテ使用ニ便ナラス是ニ至テ之ヲ發行シ且其刻ヲ精ニス

五年二月十三日及同年八月二十七日大藏省驛遞寮決議〇同年八月(日缺)正院届

1st September 1872.

A new issue was made of 10 sen; 20 sen; and 30 sen stamps, and an alteration was made in the 1/2 sen stamp.

Before this time great progress had been made in postal arrangements and postal lines were opened throughout the whole of Japan; and, as a consequence, the demand for stamps greatly increased. Under these circumstances the want of other denominations of stamps was greatly felt and caused great inconvenience to the public. This necessitated a new issue and the engravings on the stamps were made more elaborate.

五

明治５年（1872）

９月朔日 10, 20, 30 銭切手の発行 半銭切手の改訂
翌４月１日４銭切手の発行

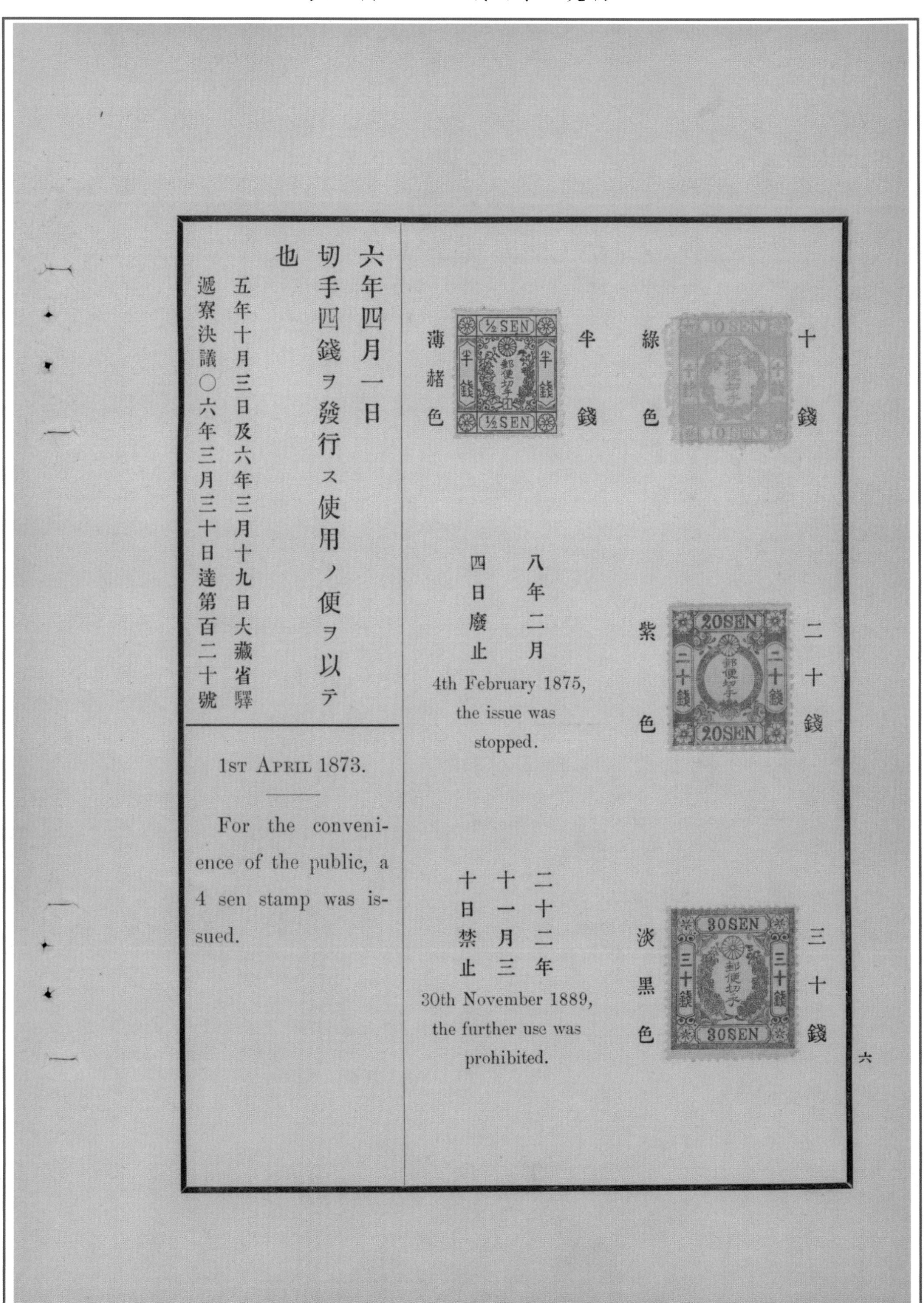

十錢 緑色

半錢 薄赭色

二十錢 紫色

八年二月四日廢止

4th February 1875, the issue was stopped.

三十錢 淡黒色

二十二年十一月三十日禁止

30th November 1889, the further use was prohibited.

六年四月一日

切手四錢ヲ發行ス使用ノ便ヲ以テ也

五年十月三日及六年三月十九日大藏省驛遞寮決議○六年三月三十日達第百二十號

1st April 1873.

For the convenience of the public, a 4 sen stamp was issued.

六

明治6年（1873）
4月1日4銭切手の発行
5月31日5銭切手の廃止
6月5日2銭切手の改定

四錢

淡紅色

八年二月四日廢止

4th February 1875, the use was stopped.

二十二年十一月三十日禁止

30th November 1889, the further use was prohibited.

六年五月三十一日

切手五錢ヲ廢止ス使用不便ヲ以テ也

六年三月二十三日大藏省驛遞寮決議○同年四月四日達第百二十七號

31st May 1873.

The 5 sen stamp proved inconvenient; and the issue was stopped.

六年六月五日

切手二錢ヲ改正ス其彩色四錢ト類似スルヲ以テ也

六年五月二十四日大藏省驛遞寮決議○同年六月五日達第百八十八號

5th June 1873.

As the color of the 2 sen stamp was not easily distinguishable from that of the 4 sen stamp, an alteration was made in the 2 sen stamp.

明治6年（1873）

6月5日2銭切手の改定
12月1日 葉書、長形封嚢、角形封嚢の発行

二銭
黄色

九年五月十七日廢止
17th May 1876, the use was stopped.

二十二年十一月三十日禁止
30th November 1889, the further use was prohibited.

六年十二月一日
葉書半錢一錢及長形封嚢二錢四錢六錢角形封嚢一錢二錢四錢ヲ發行ス皆簡便ヲ量ル也

長形封嚢 二錢 賣價貳錢四厘
同 四錢 同 四錢五厘
同 六錢 同 六錢六厘
角形封嚢 一錢 同 壹錢參厘
同 二錢 同 貳錢四厘
同 四錢 同 四錢五厘

回議書類鈌〇六年十一月十九日布告第三百八十九號

1st December 1873.

For the convenience of the public 1/2 sen, 1 sen post-cards, 2 sen, 4 sen, 6 sen rectangular stamped envelopes, and 1 sen, 2 sen, 4 sen square stamped envelopes were issued.

2 sen rectangular envelope at 2 sen 4 rin.
4 „ „ „ „ 4 „ 5 „
6 „ „ „ „ 6 „ 6 „
1 sen square envelope at 1 sen 3 rin.
2 „ „ „ „ 2 „ 4 „
4 „ „ „ „ 4 „ 5 „

八

明治６年（1873）

12月１日 紅枠半銭葉書の発行

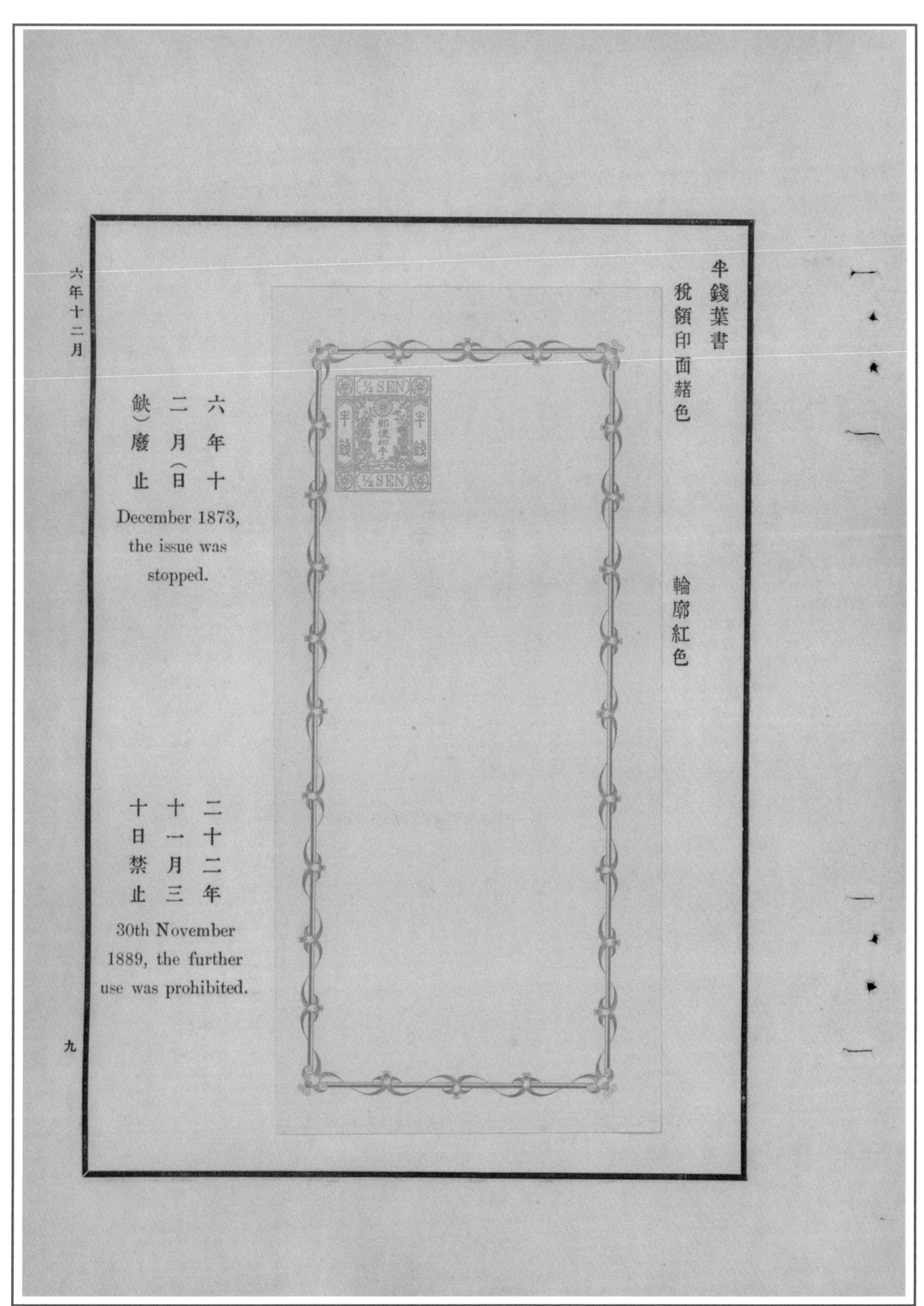

明治6年（1873）
12月1日 紅枠一銭葉書の発行

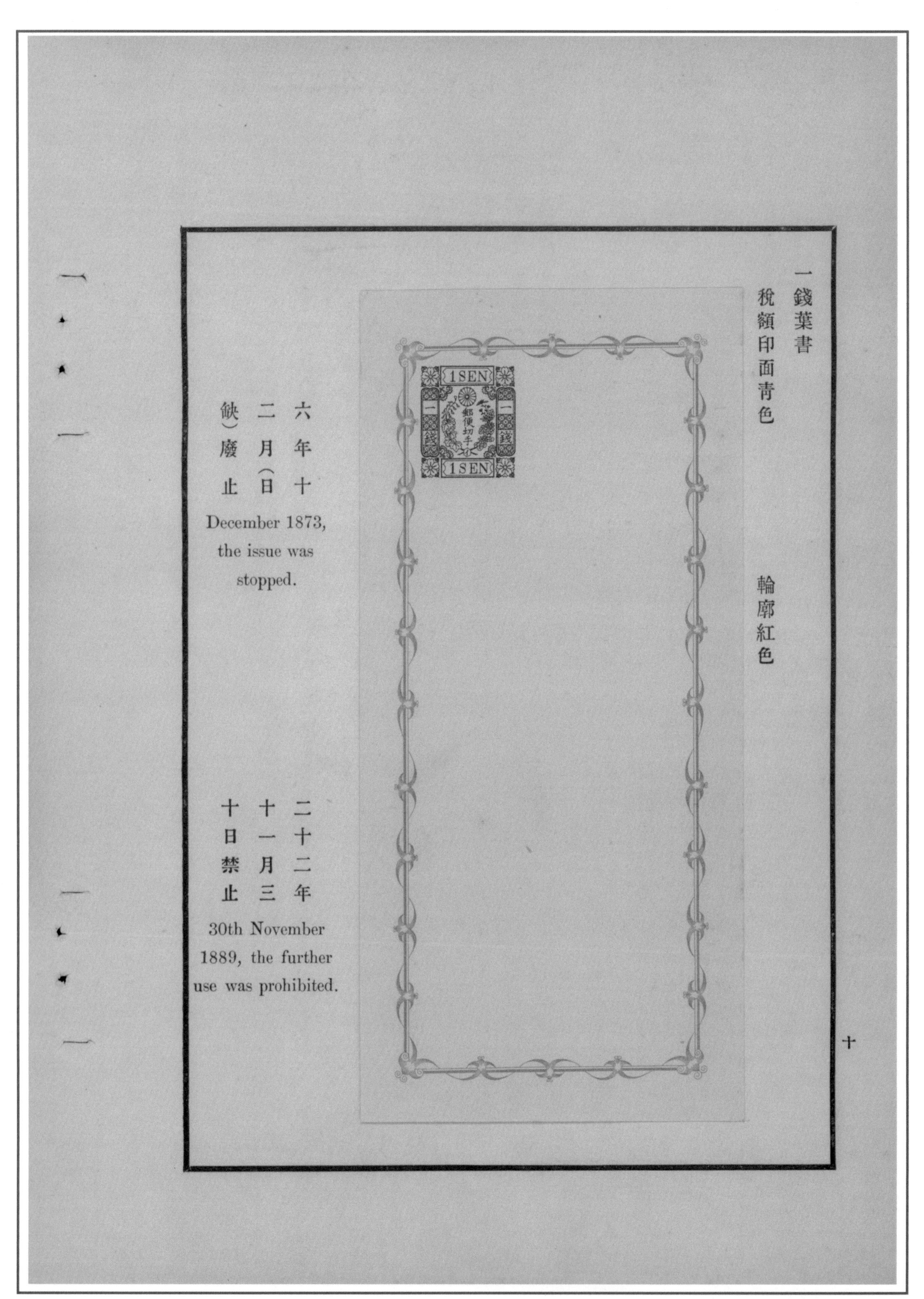

一錢葉書

稅額印面青色

輪廓紅色

六年十二月（日缺）廢止

December 1873, the issue was stopped.

二十二年十一月三十日禁止

30th November 1889, the further use was prohibited.

明治６年（1873）

12月１日 二銭長形封嚢の発行

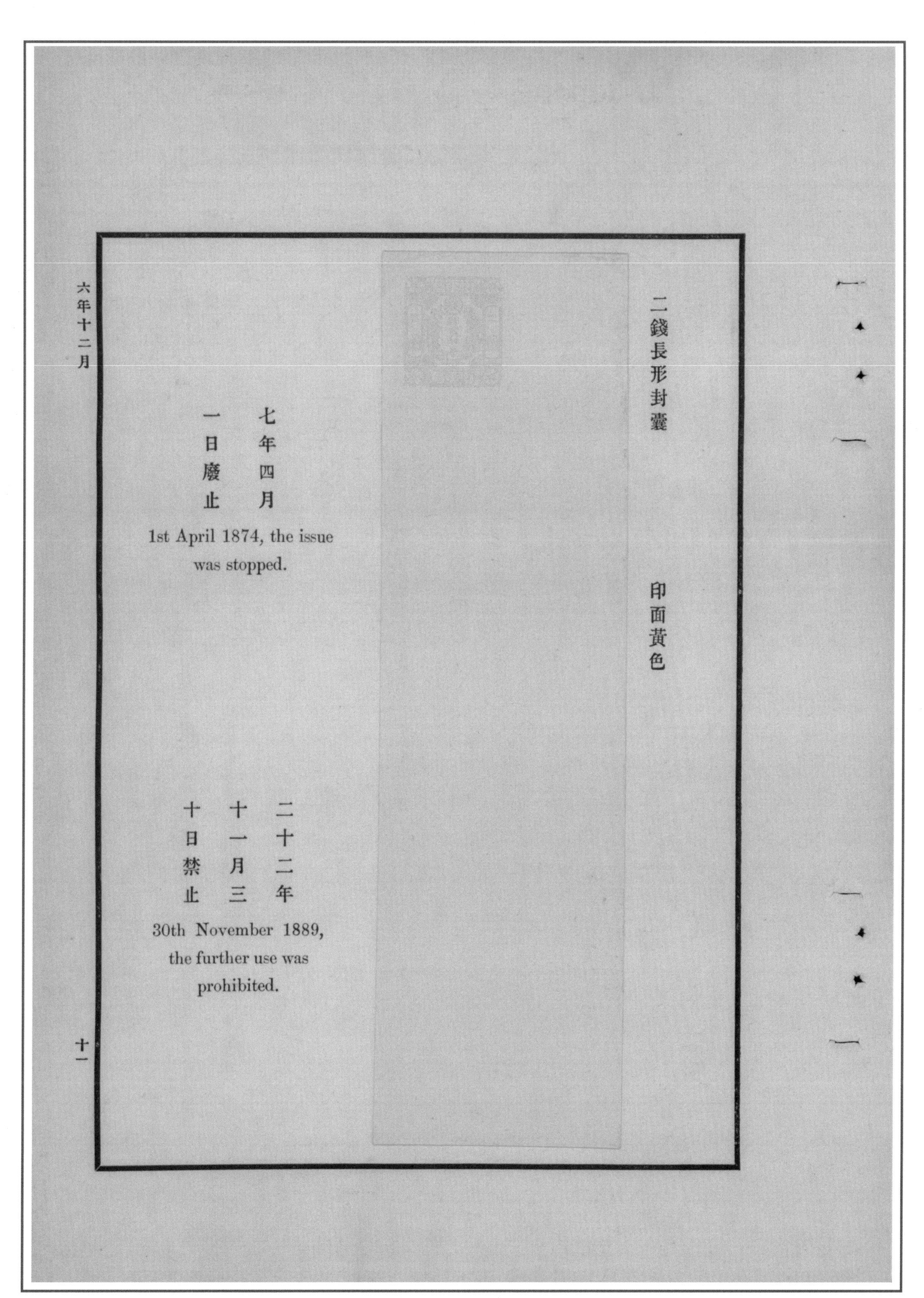

六年十二月

二錢長形封嚢

印面黃色

七年四月一日廢止

1st April 1874, the issue was stopped.

二十二年十一月三十日禁止

30th November 1889, the further use was prohibited.

十一

明治6年（1873）

12月1日 四銭長形封蓑の発行

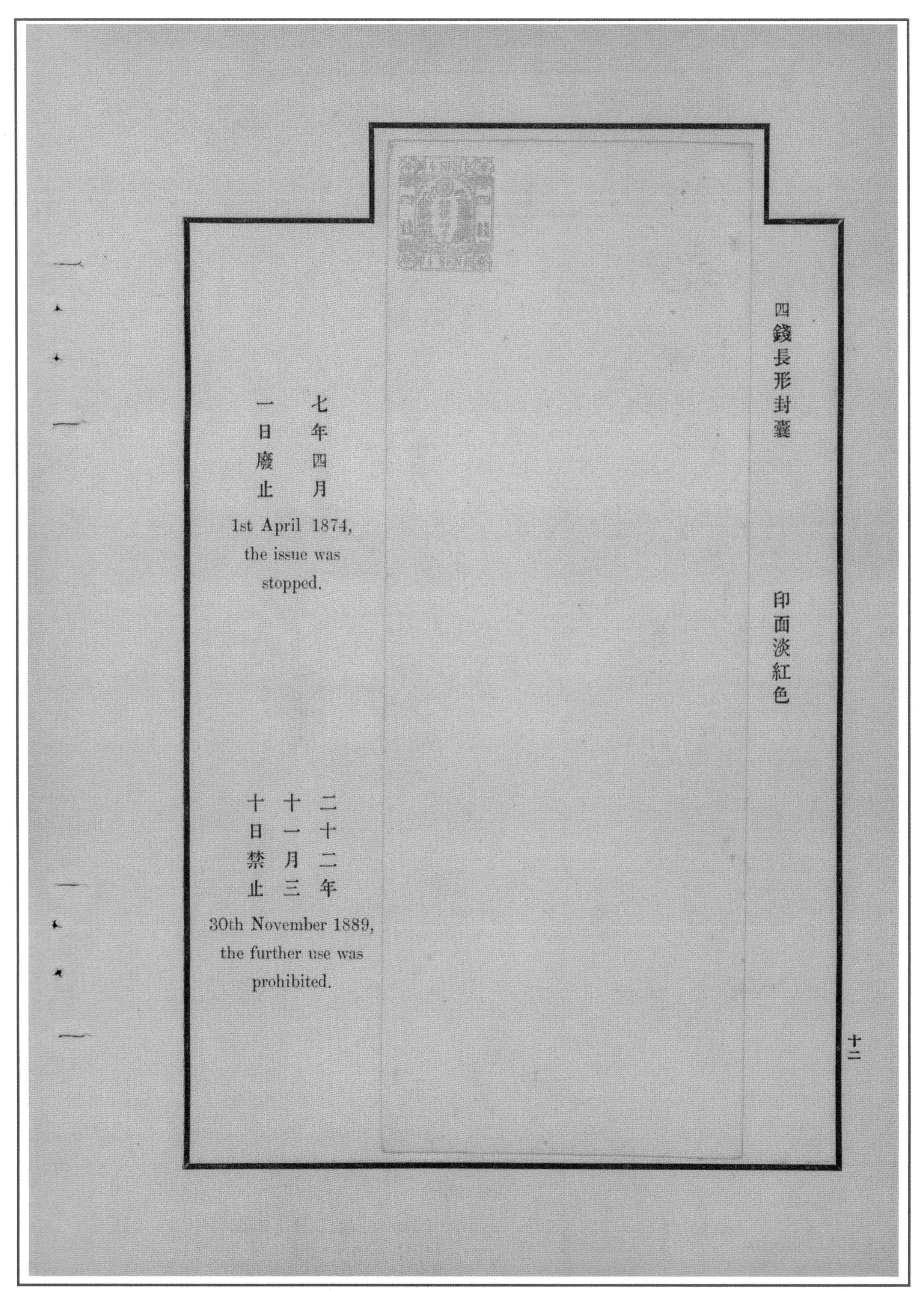

明治６年（1873）

12月１日 六銭長形封蓑の発行

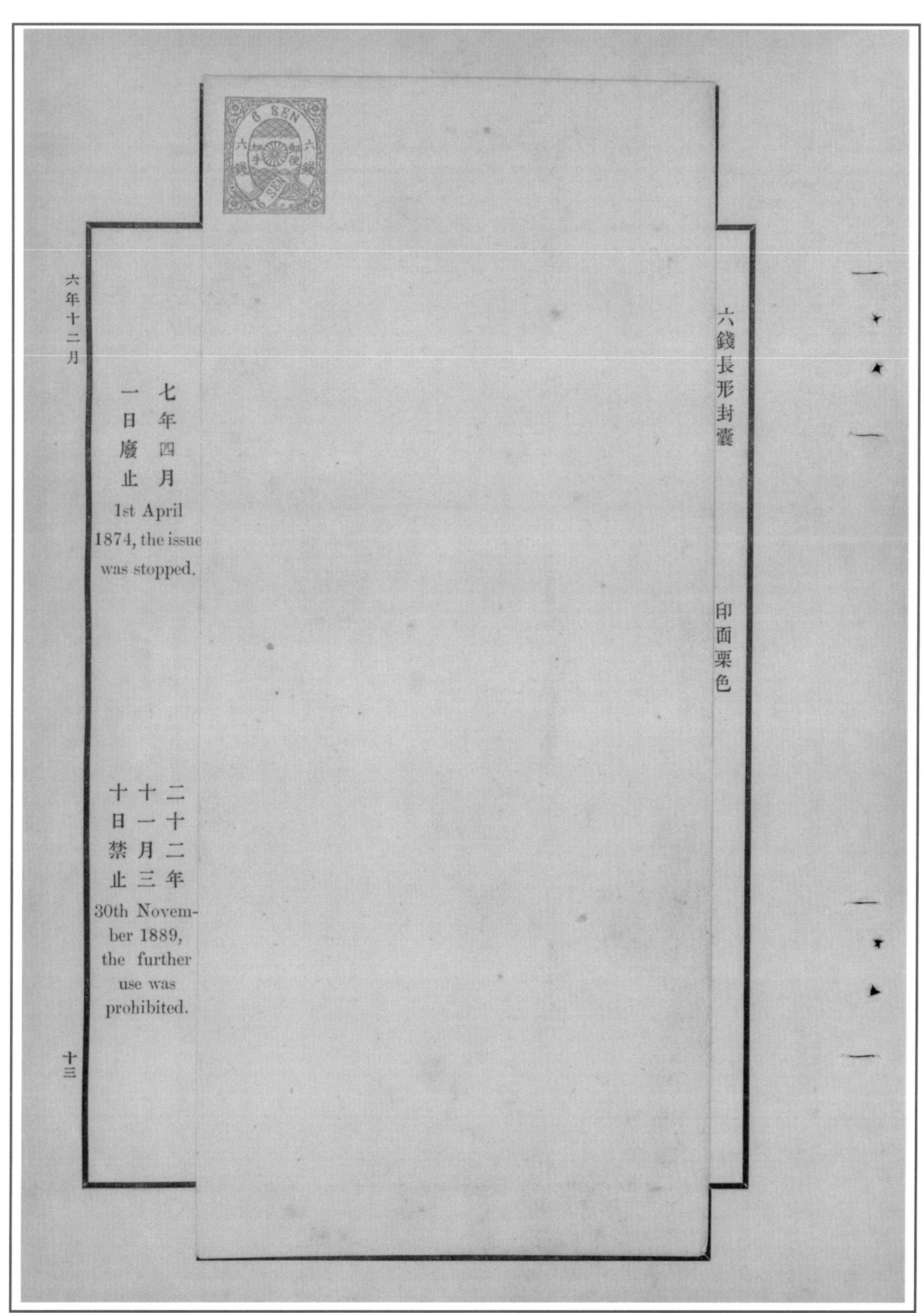

明治6年（1873）

12月1日 一銭角形封嚢の発行

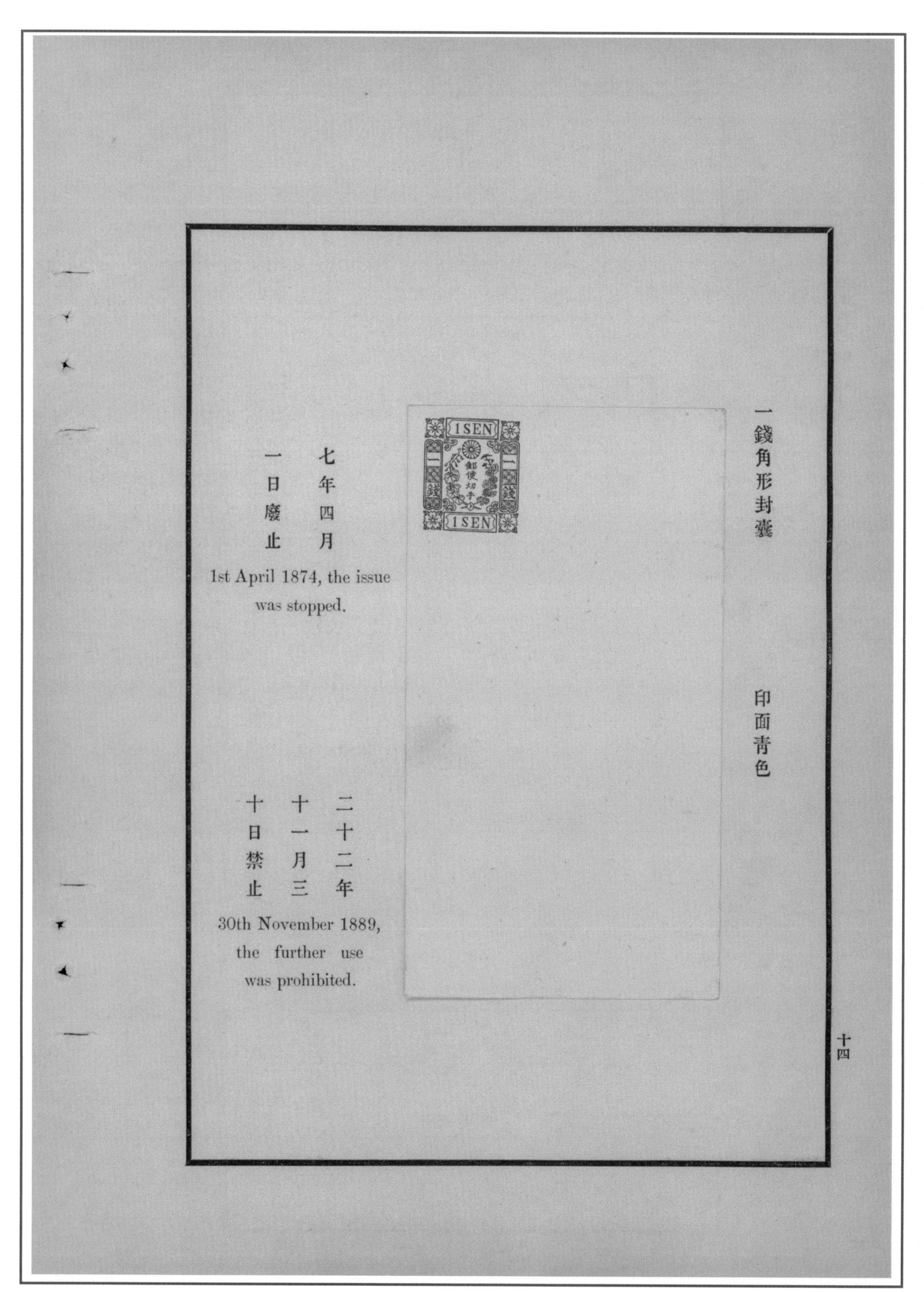

一錢角形封嚢

印面青色

七年四月一日廢止

1st April 1874, the issue was stopped.

二十二年十一月三十日禁止

30th November 1889, the further use was prohibited.

十四

明治６年（1873）
12 月 1 日 二銭角形封蓑の発行

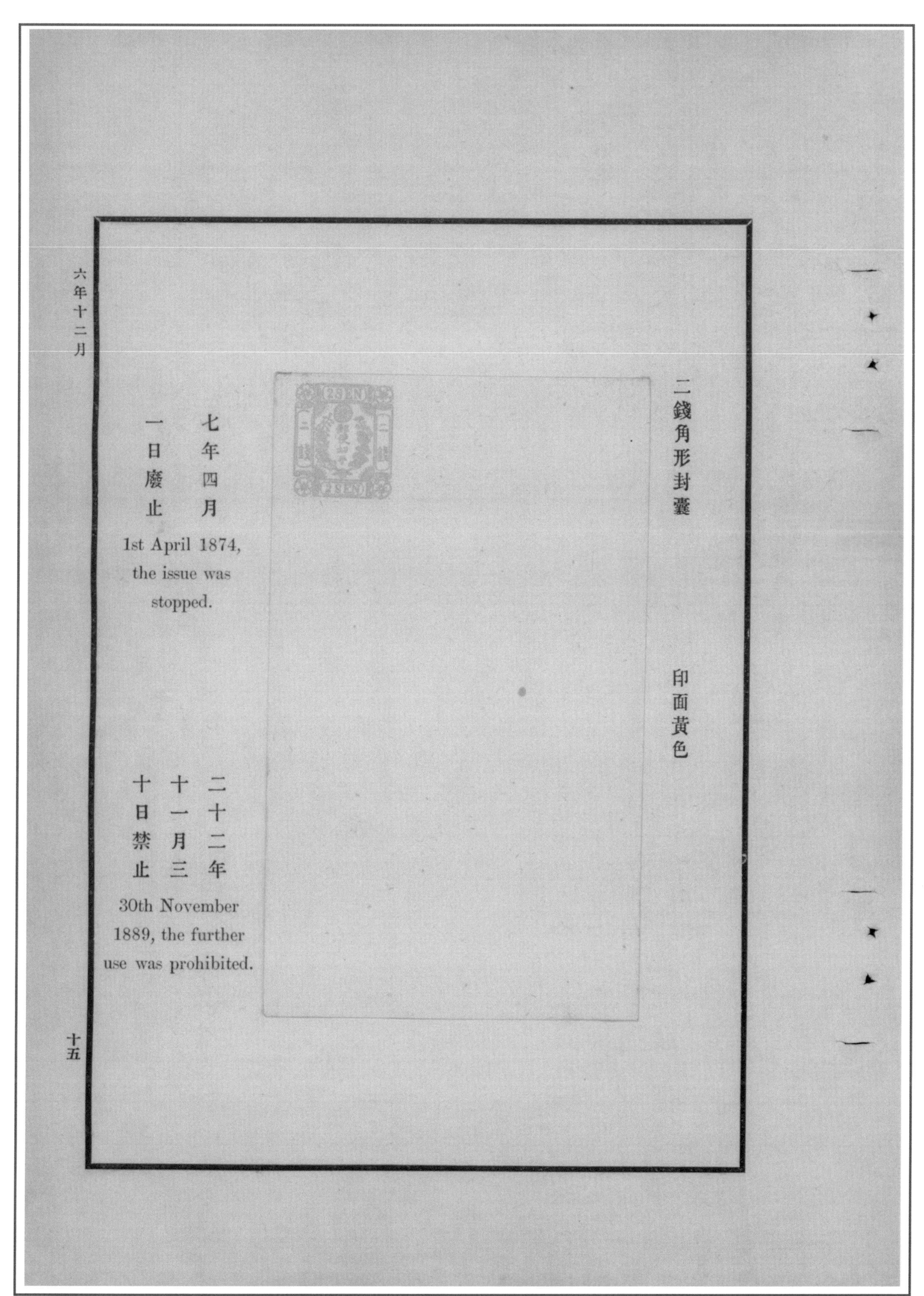

二錢角形封嚢

印面黃色

七年四月一日廢止

1st April 1874, the issue was stopped.

二十二年十一月三十日禁止

30th November 1889, the further use was prohibited.

六年十二月

十五

明治6年（1873）
12月1日 四銭角形封嚢の発行

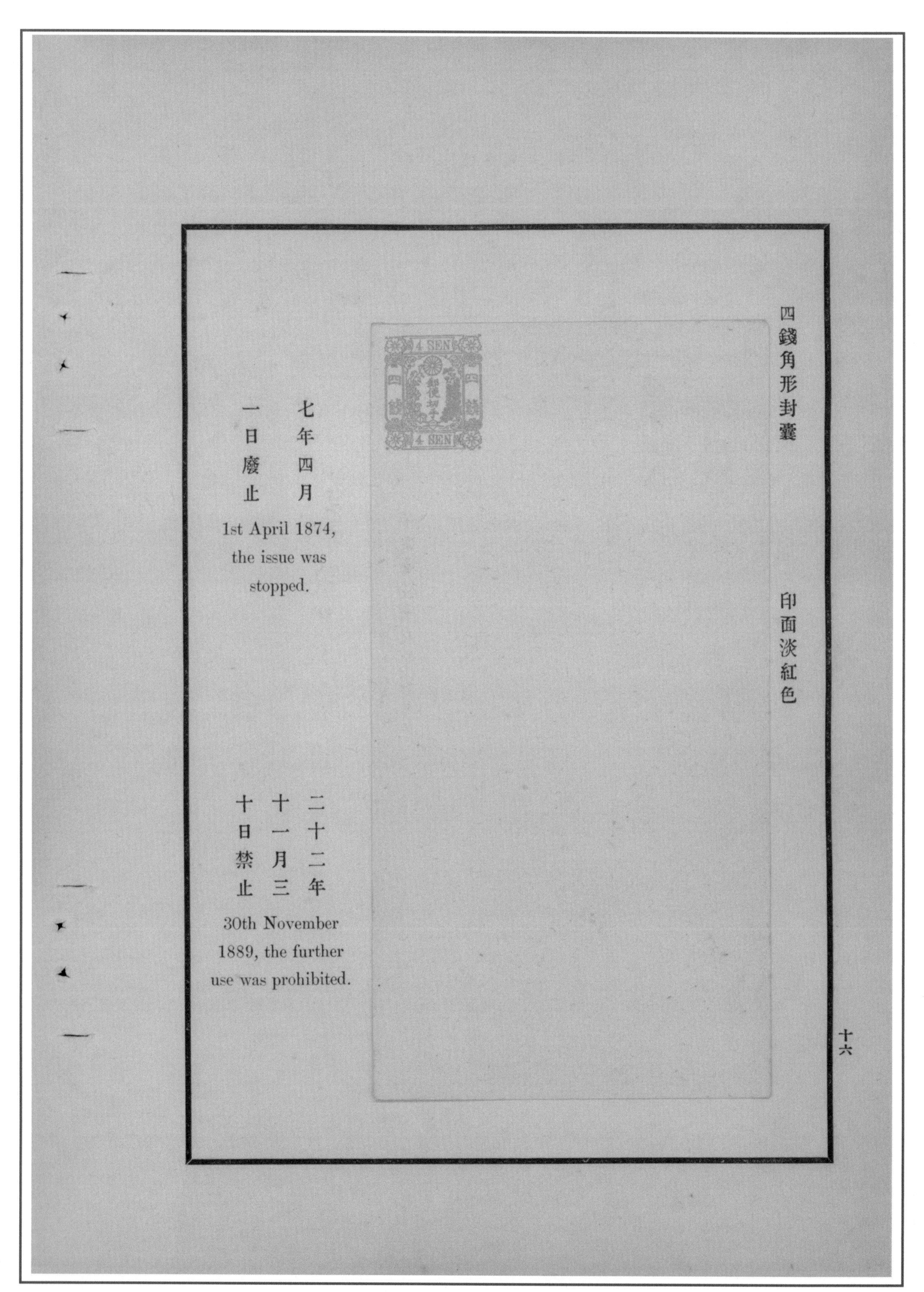

明治6年（1873）
12月 葉書の仕様改定（1）

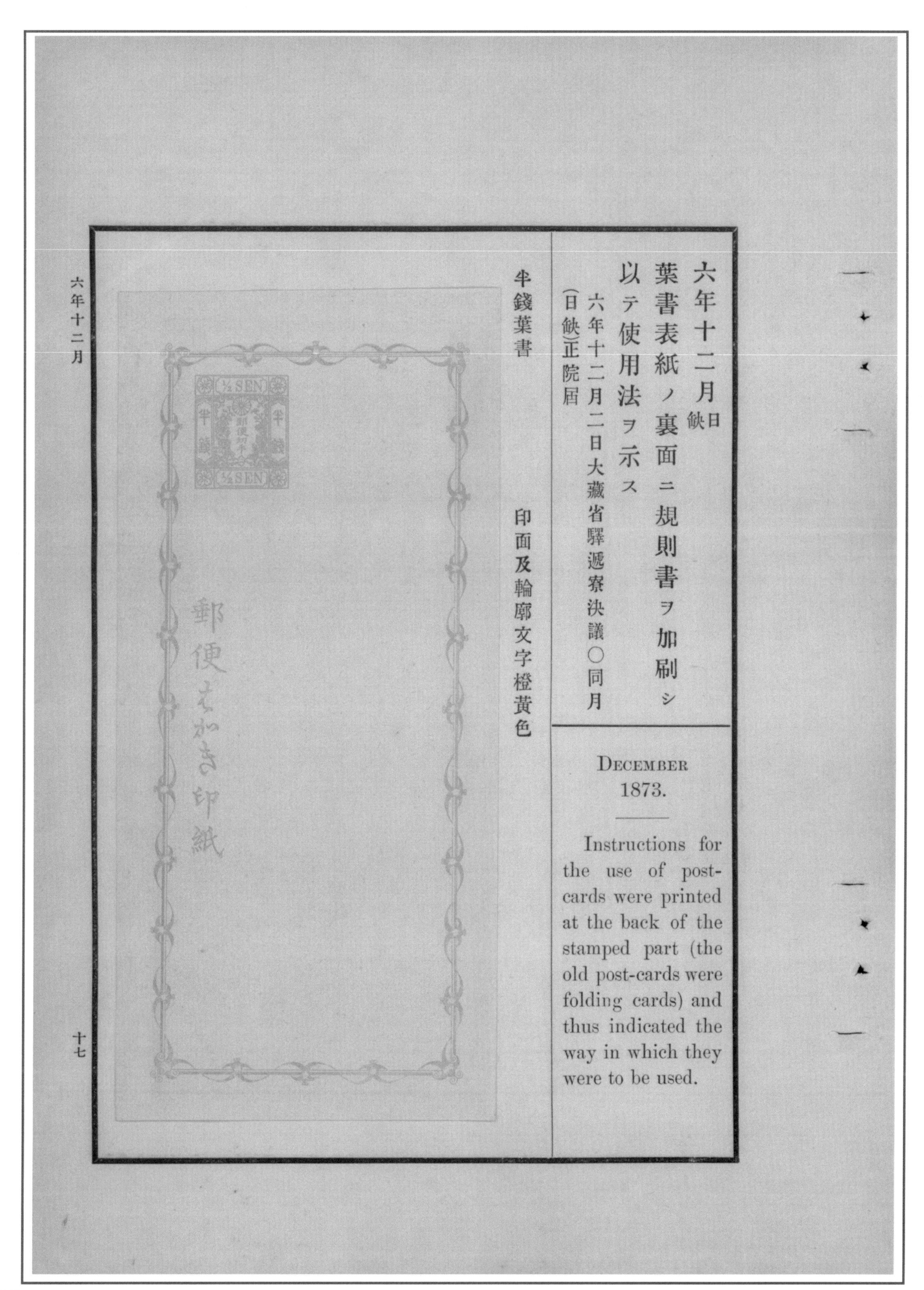

六年十二月缺日

葉書表紙ノ裏面ニ規則書ヲ加刷シ以テ使用法ヲ示ス

六年十二月二日大藏省驛遞寮決議○同月（日缺）正院屆

半錢葉書

印面及輪廓文字橙黄色

DECEMBER
1873.

Instructions for the use of post-cards were printed at the back of the stamped part (the old post-cards were folding cards) and thus indicated the way in which they were to be used.

六年十二月

十七

明治６年（1873）
12 月 葉書の仕様改定（２）

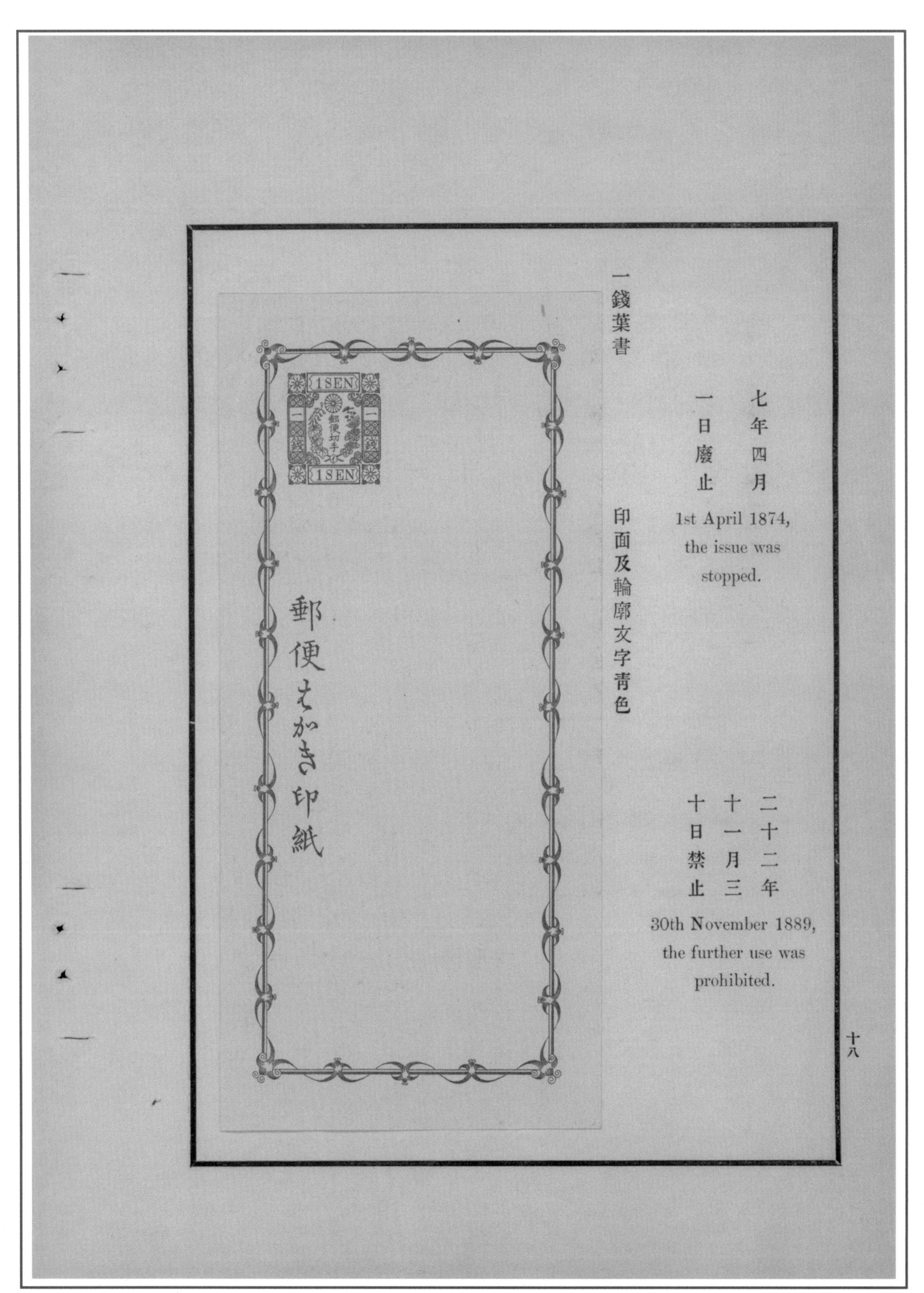

明治６年（1873）

12月 葉書の仕様改定（３）
翌１月１日６銭切手の発行

六年十二月　七年一月

七年一月一日
切手六錢ヲ發行ス遠近等一稅法施
行ニ由ル

六年六月二十八日同年八月八日同年十一
月二十日大藏省驛遞寮決議○同年十一月
三十日布告第三百九十五號

1st January 1874.

A system of uniform rates of postage was adopted, and in consequence, the issue of 6 sen stamps became unnecessary.

七年四月
一日廢止

1st April 1874, the issue was stopped.

二十二年
十一月三
十日禁止

30th November 1889, the further use was prohibited.

十九

明治7年（1874）

1月1日6銭切手の発行
翌2月 切手用紙を和唐紙から西洋紙に変更

六錢

嬌栗色

八年二月四日廢止

4th February 1875, the issue was stopped.

二十二年十一月三十日禁止

30th November 1889, the further use was prohibited.

七年二月 缺日

切手用紙ヲ改正ス初メ和唐紙ヲ用ユ脆弱ニシテ傷キ易シ是ニ至テ西洋紙ニ改ム

七年一月十八日及同年二月七日内務省驛遞寮決議

是ヨリ先キ既ニ西洋紙ヲ用ユルモノアリ

本議蓋シ將來ノ製造ヲ一定スルニアリ

February 1874.

The paper of the post-card was altered. Up to this time, Japanese paper had been used, but as it was found very liable to injury, paper of European manufacture was substituted.

明治７年（1874）

４月１日 葉書封嚢の印面改正

七年二月、四月

七年四月一日

葉書封嚢ノ税額印面ヲ改正ス舊製ハ切手ト同形ナルヲ以テ剪移スルノ弊アリ是ニ至テ之ヲ改メ且封嚢ヲ封皮ト改稱ス

長形封皮	二錢	賣價	貳錢四厘
同	四錢	同	四錢五厘
同	六錢	同	六錢六厘
角形封皮	一錢	同	壹錢四厘
同	二錢	同	貳錢四厘
同	四錢	同	四錢五厘

七年一月十五日內務省驛遞寮決議○同年二月二十八日布告第二十四號

1st April 1874.

The designs of the stamps on post-cards and stamped envelopes were changed on account of the misuse of stamps cut from post-cards or stamped envelopes for payment of letters, the designs being very similer to those on the ordinary postage stamps.

At the same time the appelation of "funo" was changed into "fuhi" (both mean stamped envelope)

2 sen rectangular stamped envelope at 2 sen 4 rin.
4 " " " " " 4 " 5 "
6 " " " " " 6 " 6 "
1 sen square stamped envelope at 1 sen 4 rin.
2 " " " " " 2 " 4 "
4 " " " " " 4 " 5 "

二十一

明治7年（1874）
4月1日 脇なし半銭葉書の発行

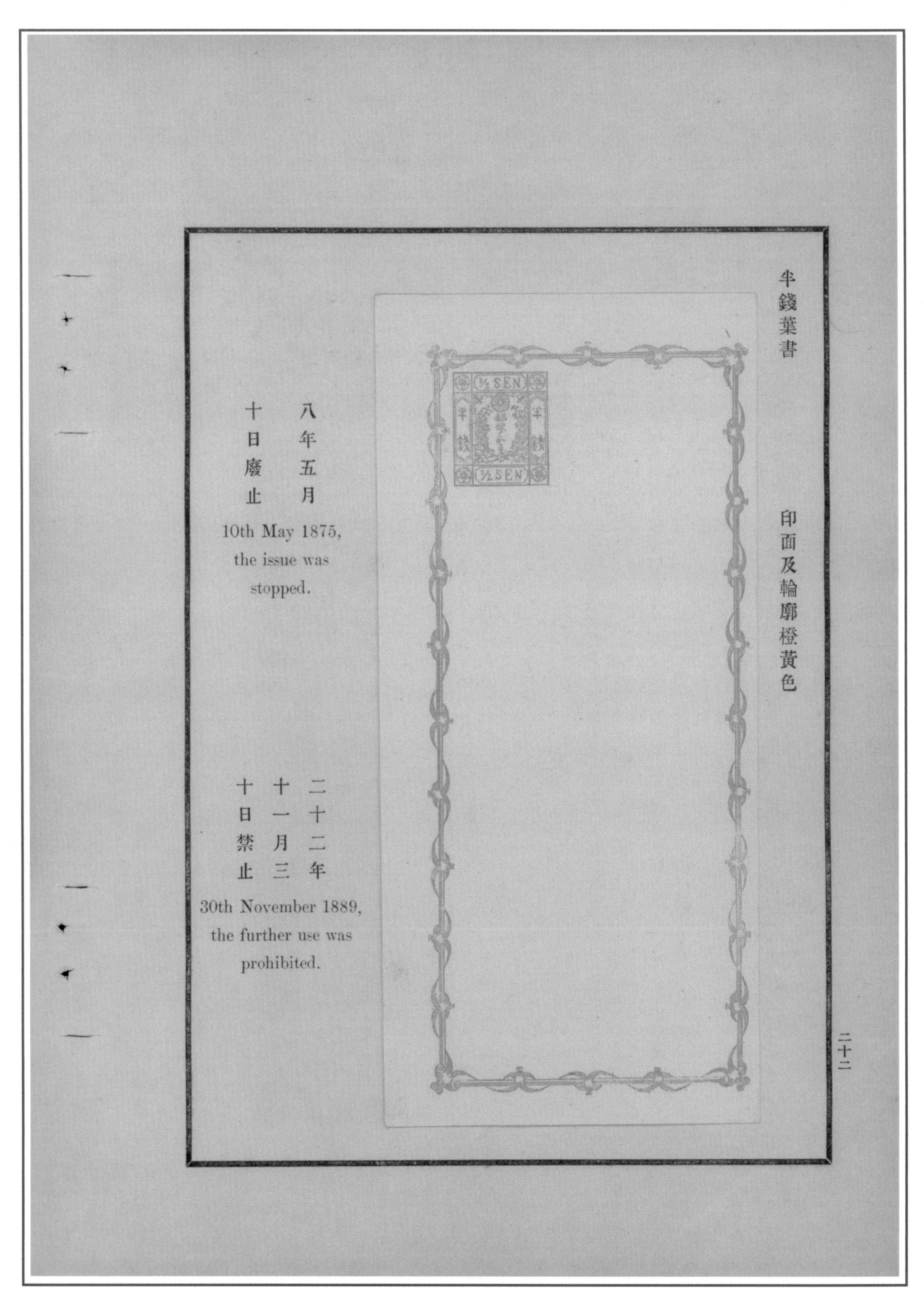
半錢葉書

印面及輪廓橙黃色

八年五月十日廢止

10th May 1875, the issue was stopped.

二十二年十一月三十日禁止

30th November 1889, the further use was prohibited.

二十二

明治７年（1874）
４月１日 脇なし一銭葉書の発行

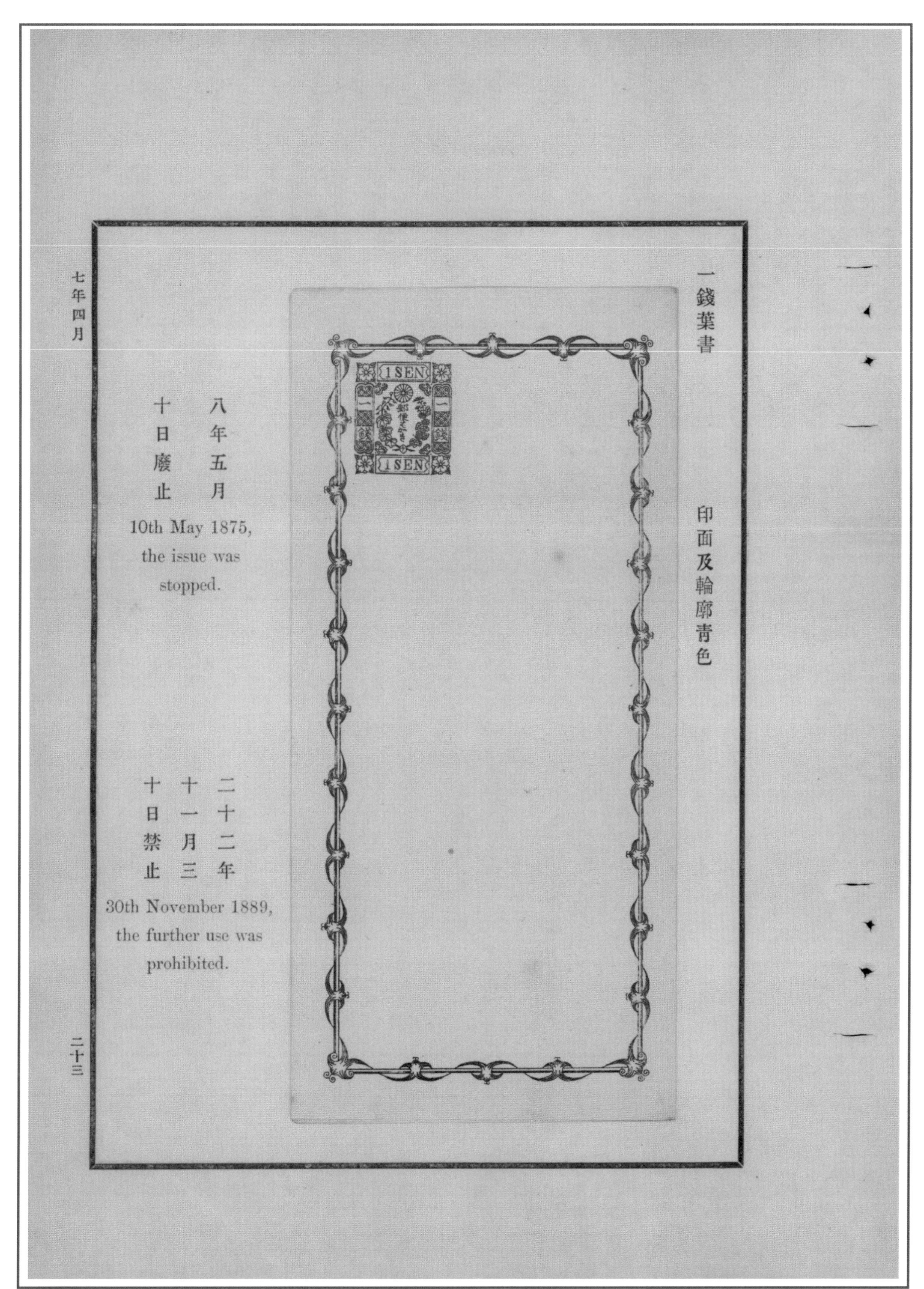

明治７年（1874）
４月１日 二銭長形封皮の発行

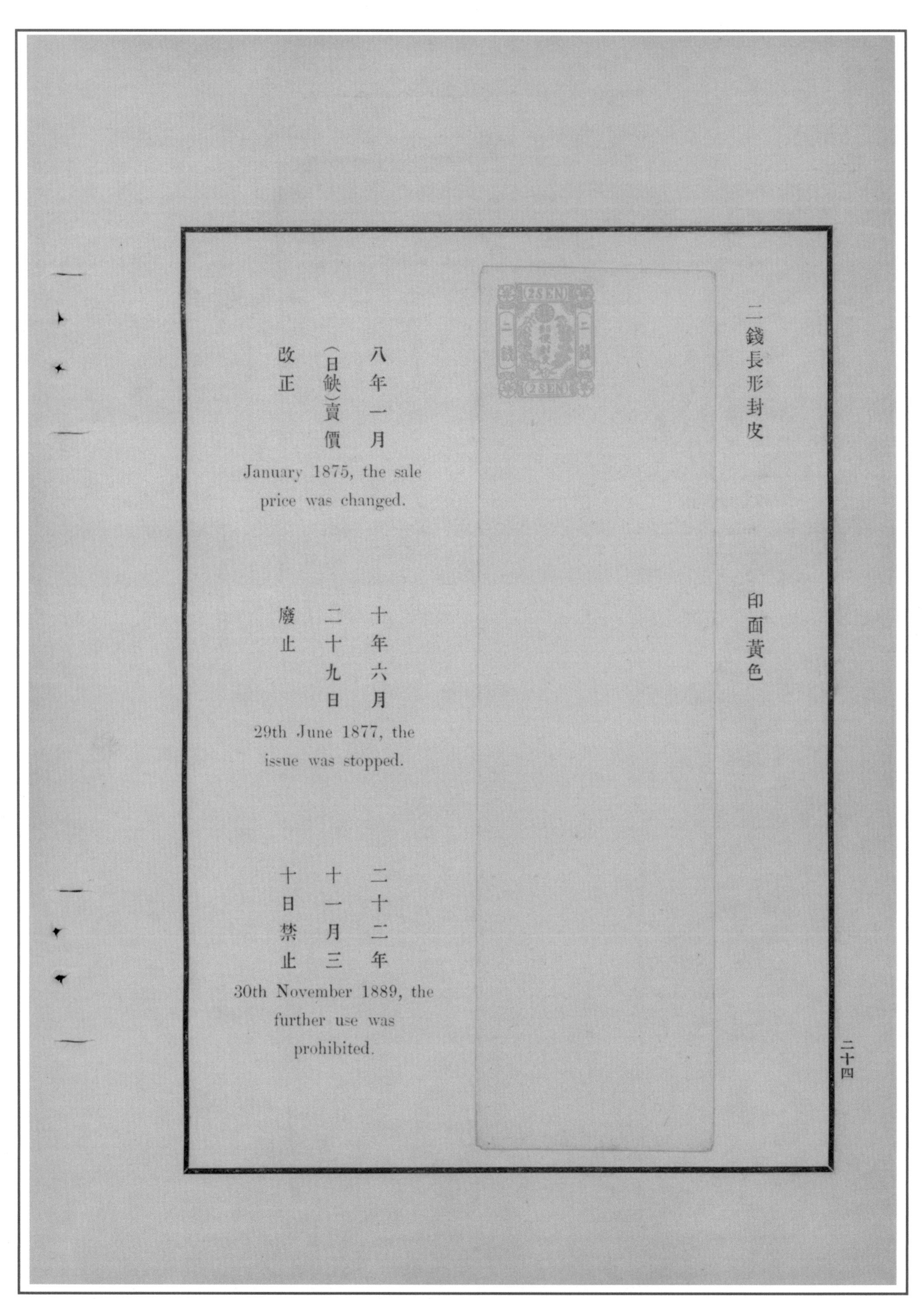
二銭長形封皮

印面黄色

八年一月（日缺）賣價改正

January 1875, the sale price was changed.

十年六月二十九日廢止

29th June 1877, the issue was stopped.

二十二年十一月三十日禁止

30th November 1889, the further use was prohibited.

二十四

明治７年（1874）

４月１日 四銭長形封皮の発行

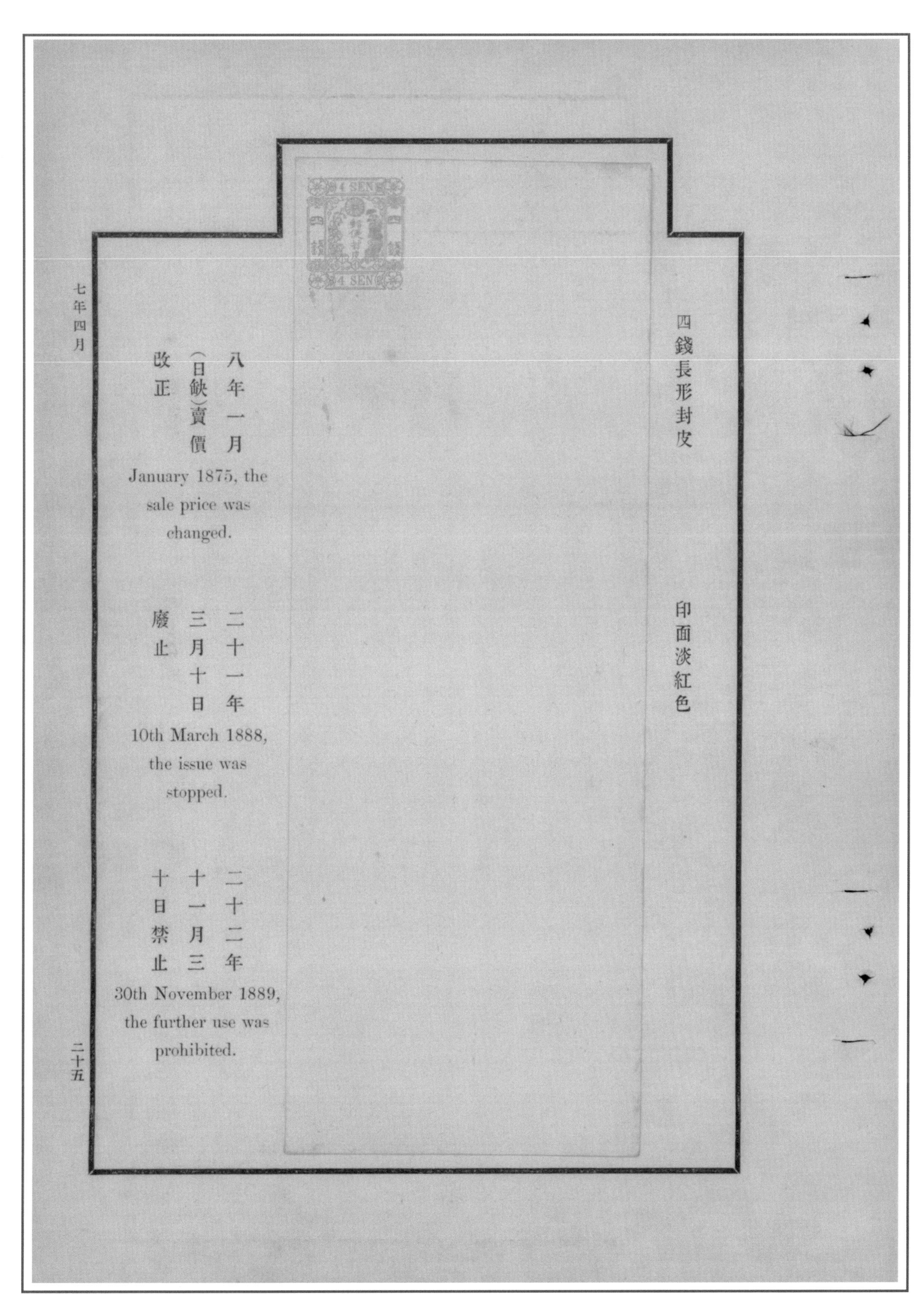

明治７年（1874）
４月１日 六銭長形封皮の発行

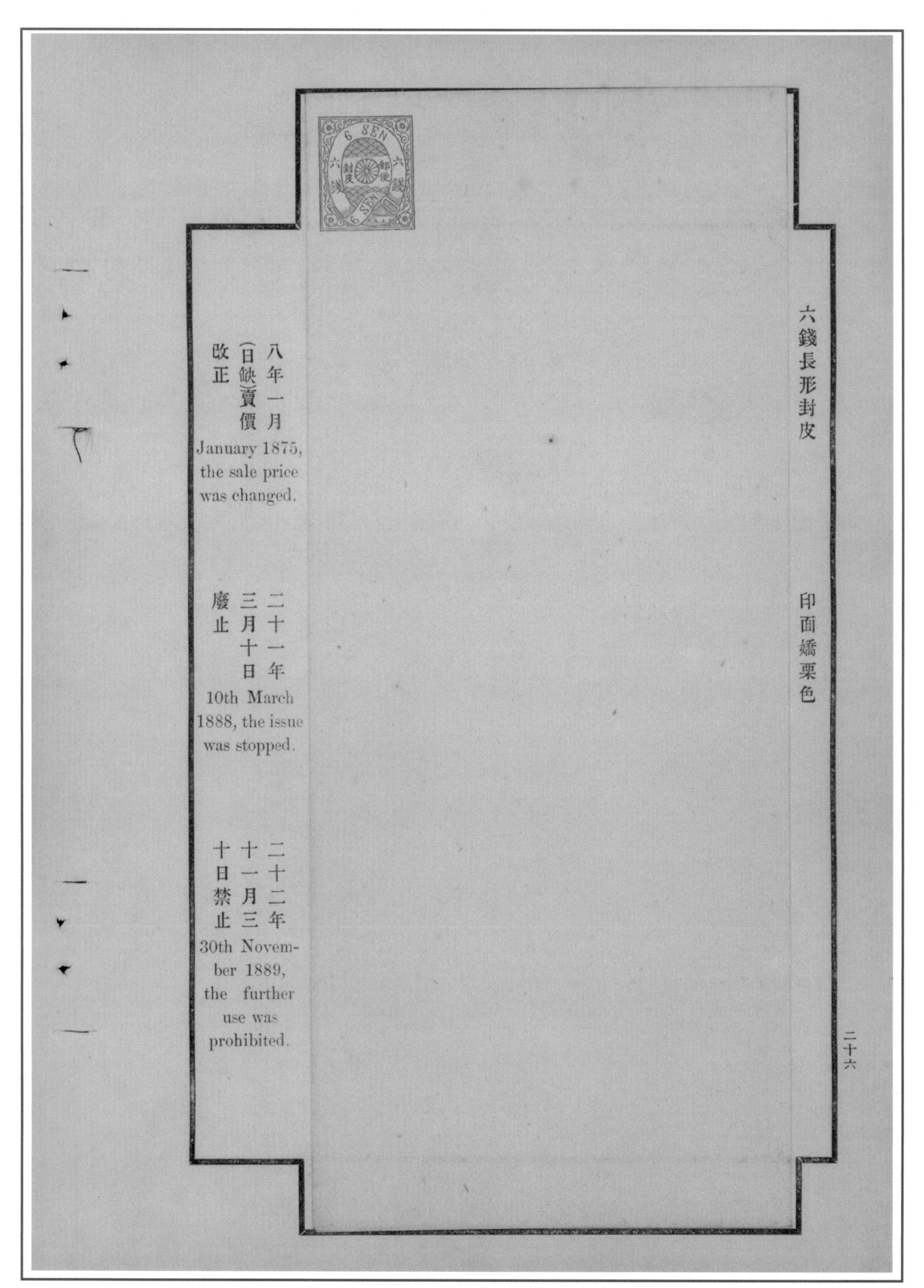

明治７年（1874）
４月１日 一銭角形封皮の発行

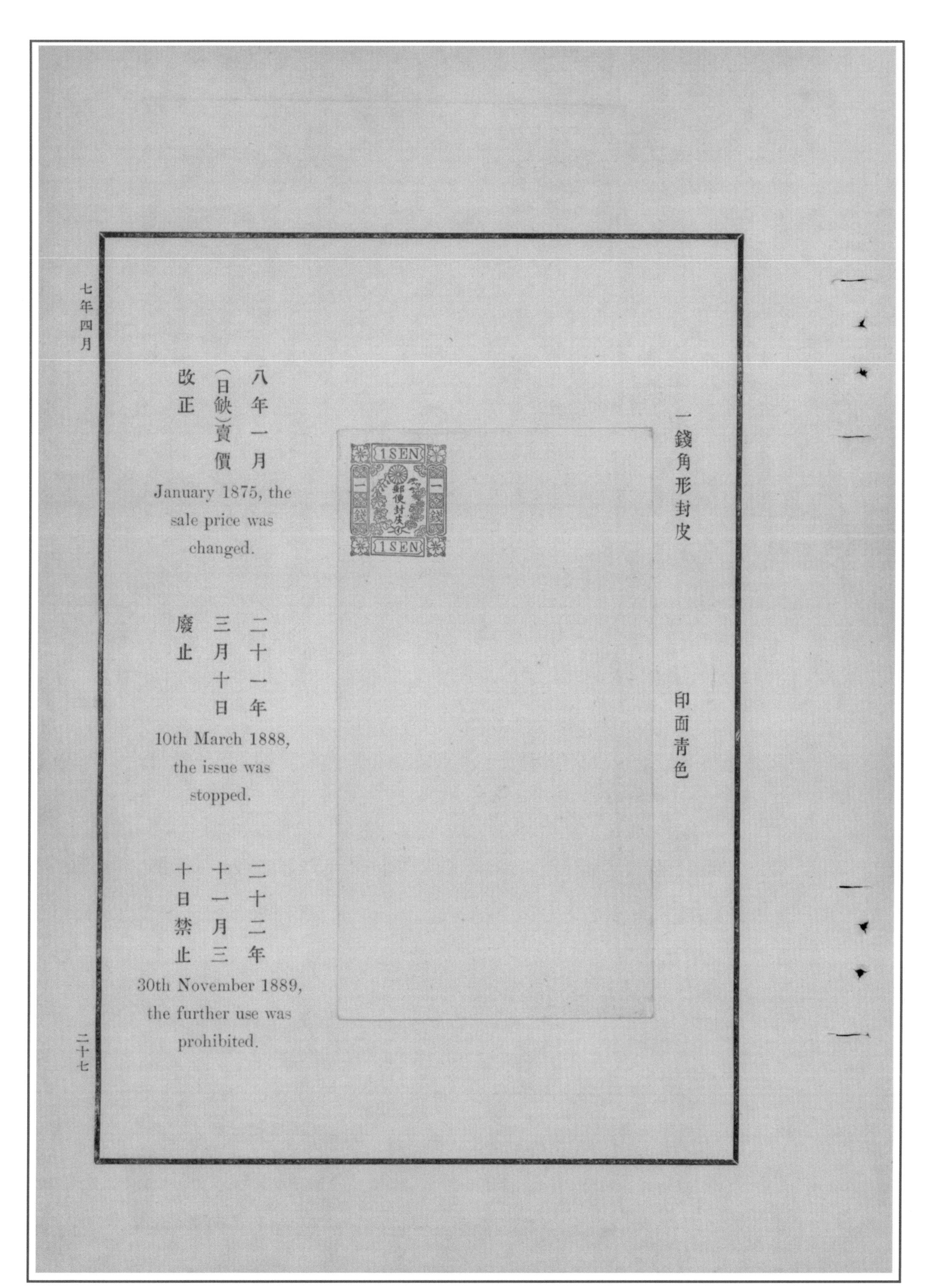

明治７年（1874）

４月１日 二銭角形封皮の発行

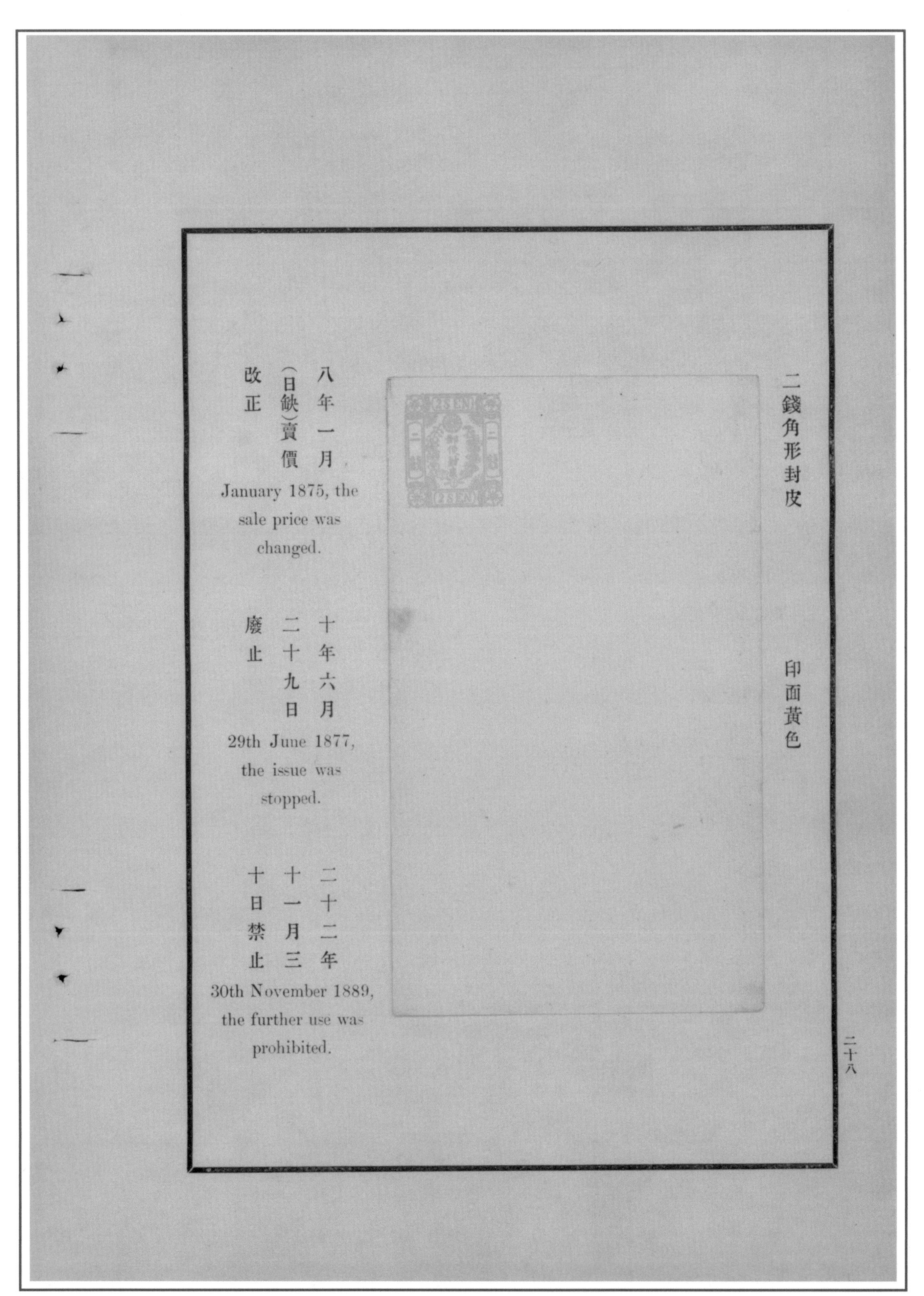

明治７年（1874）

４月１日 四銭角形封皮の発行

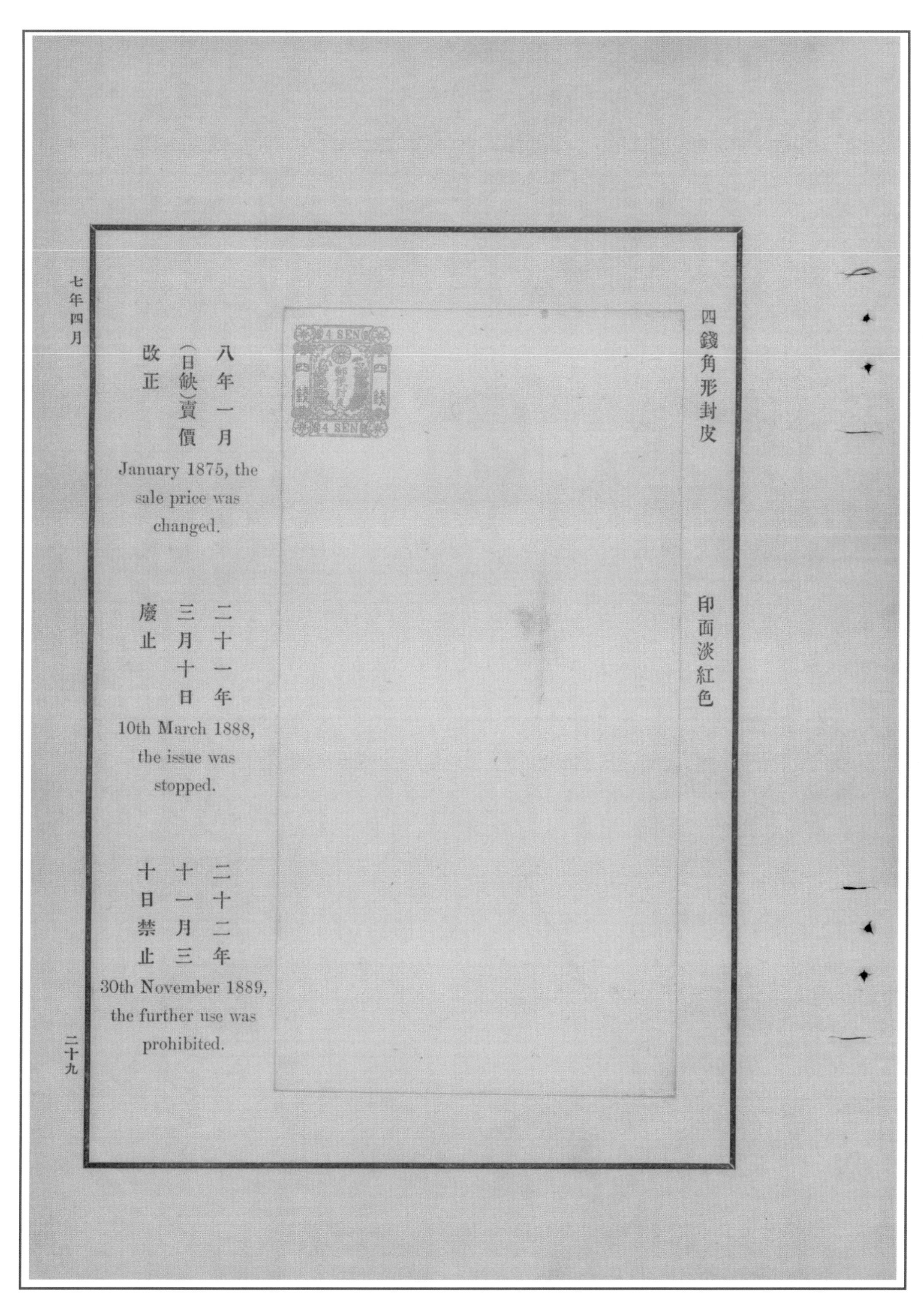
七年四月

四錢角形封皮

印面淡紅色

八年一月(日缺)賣價改正

January 1875, the sale price was changed.

二十一年三月十日廢止

10th March 1888, the issue was stopped.

二十二年十一月三十日禁止

30th November 1889, the further use was prohibited.

二十九

明治7年（1874）

9月12日 切手葉書封皮印面にカナを導入
翌1月1日 外信料金用切手の発行

七年九月十二日

各切手葉書封皮ノ税額印面ニイロハ文字ヲ加鐫ス賣下多寡計算ノ便ヲ以テ也

六年八月十二日大藏省驛遞寮及七年八月(日缺)內務省驛遞寮決議○七年九月十二日布告第九十六號

イロハ文字加鐫切手ハ前後ニ貼附セシモノナリ彼此混淆致フ可ラス宜ク前後ニ就テ看ルヘシ

八年一月一日

切手十二錢十五錢四十五錢ヲ發行シ專ラ外國用ト爲ス是ヨリ先キ外國聯合郵便條約成ル是ニ至テ其税率ヲ定ム

七年十一月二十四日七年十二月二十七日內務省驛遞寮決議○八年一月四日布告第一號

12th September 1874.

The characters of the alphabet (イ) (ロ) (ハ) were printed on the face of the stamps on post-cards, envelopes, and postage stamps, to facilitate the keeping of sale accounts.

1st January 1875.

12 sen, 15 sen, and 45 sen postage stamps were issued, for the convenience of the foreign mails.

Before this day, the Japanese Government gave in its adhesion to the International Postal Union and the rates of the postage were fixed.

三十

明治８年（1875）
１月１日 外信料金用切手の発行

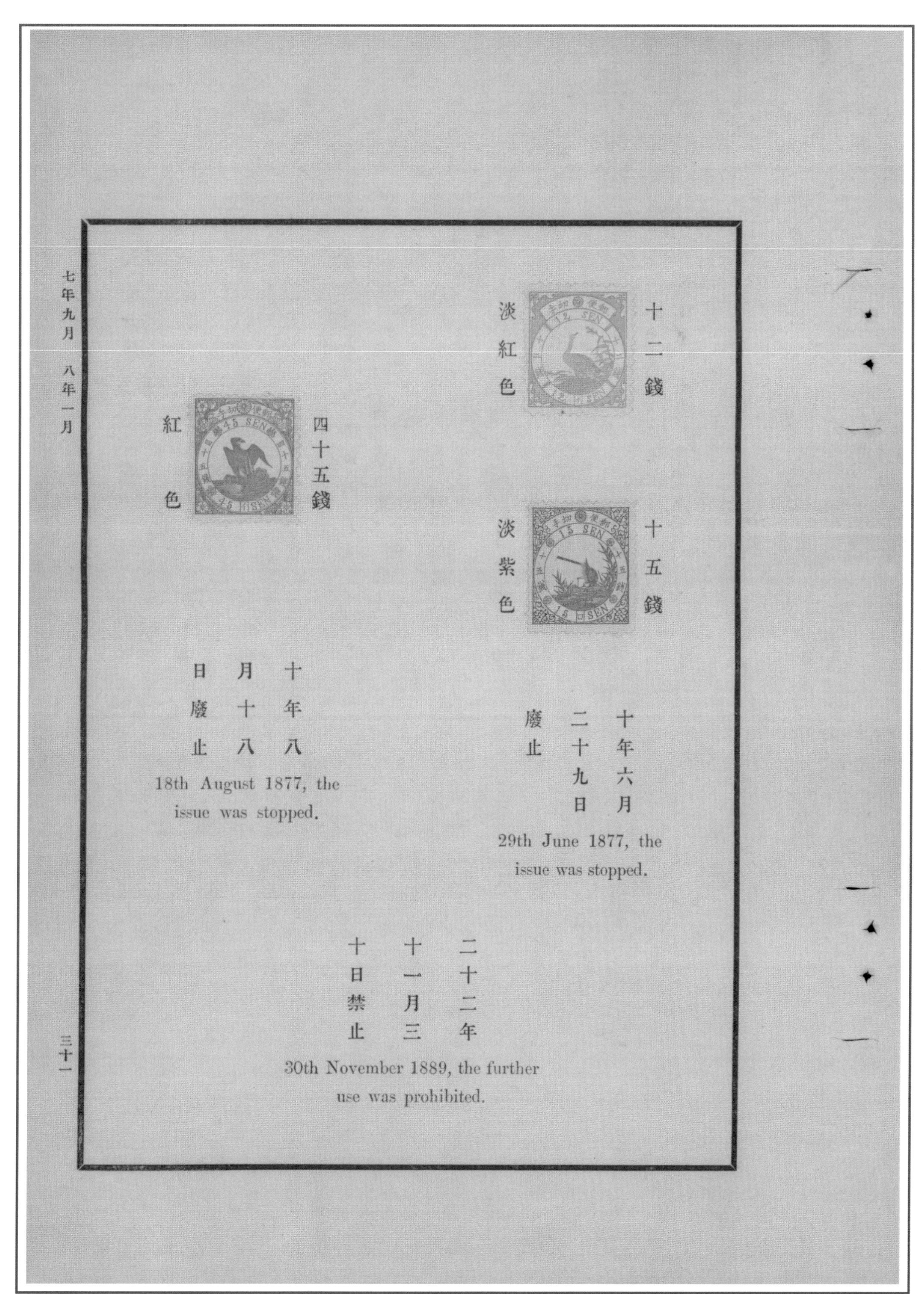

明治８年（1875）

１月 封皮販売価格の値下げ

八年一月缺日

封皮各種ノ賣價ヲ改正ス初メ葉書封皮ノ製造ヲ商賈ニ命ス製價廉ナラス是ニ至テ紙幣寮ニ托シ爲ニ製費ヲ減ス

長形封皮	二錢	賣價	貳錢壹厘
同	四錢	同	四錢貳厘
同	六錢	同	六錢貳厘
角形封皮	一錢	同	壹錢壹厘
同	二錢	同	貳錢貳厘
同	四錢	同	四錢貳厘

七年十月九日及同年十一月二十四日內務省驛遞寮決議

JANUARY 1875.

The sale prices of the stamped envelopes were reduced. Before this time the manufacture of post-cards and stamped envelopes had been entrusted to private makers, but from this date it was carried on at the Government Printing Office, the cost of producing being greatly reduced.

The changes of prices were as follow :—

2 sen rectangular stamped envelopes at 2 sen 1 rin.
4 ,, ,, ,, ,, ,, 4 ,, 2 ,,
6 ,, ,, ,, ,, ,, 6 ,, 2 ,,
1 sen square stamped envelopes at 1 sen 1 rin.
2 ,, ,, ,, ,, ,, 2 ,, 2 ,,
4 ,, ,, ,, ,, ,, 4 ,, 2 ,,

三十二

明治８年（1875）

２月４日 製造原価を考慮し、切手の刷色等を改定（１）

八年二月四日

切手半錢一錢四錢六錢十錢二十錢三十錢ヲ改正ス是ヨリ先キ紙幣寮商議シテ曰ク凡ソ物ヲ製スル必ス先ツ價額ノ高低ニ因テ其等位ヲ定メサル可ラス今切手ノ製タル其格最低ニシテ彩價最高ナルモノアリ恐クハ其當ニ非ル也ト是ニ至テ改正シ併テ寸法ヲ一定ス亦紙幣寮ノ追議ニ依ル也

七年十月十九日同年十月二十二日及八年一月二十五日內務省驛遞寮決議○八年二月四日布告第十六號

是年三月切手類ニ功臣ノ面貌ヲ彫刻セントスルノ議アリ正院許サス

4TH FEBRUARY 1875.

In accordance with the suggestion made by the Government Printing Office new 1/2 sen, 1 sen, 4 sen, 6 sen, 10 sen, 20 sen, and 30 sen stamps were issued and substituted for those in use up to that time. It was also suggested that the cost incurred in the manufacture should be better shown in accordance with the corresponding face value, whereas the stamps in use up to now had, on the contrary, more labour and more expensive colours on the stamps of small value. At this time also all new stamps were made of a uniform size—

明治8年（1875）
2月4日 製造原価を考慮し、切手の刷色等を改定（2）

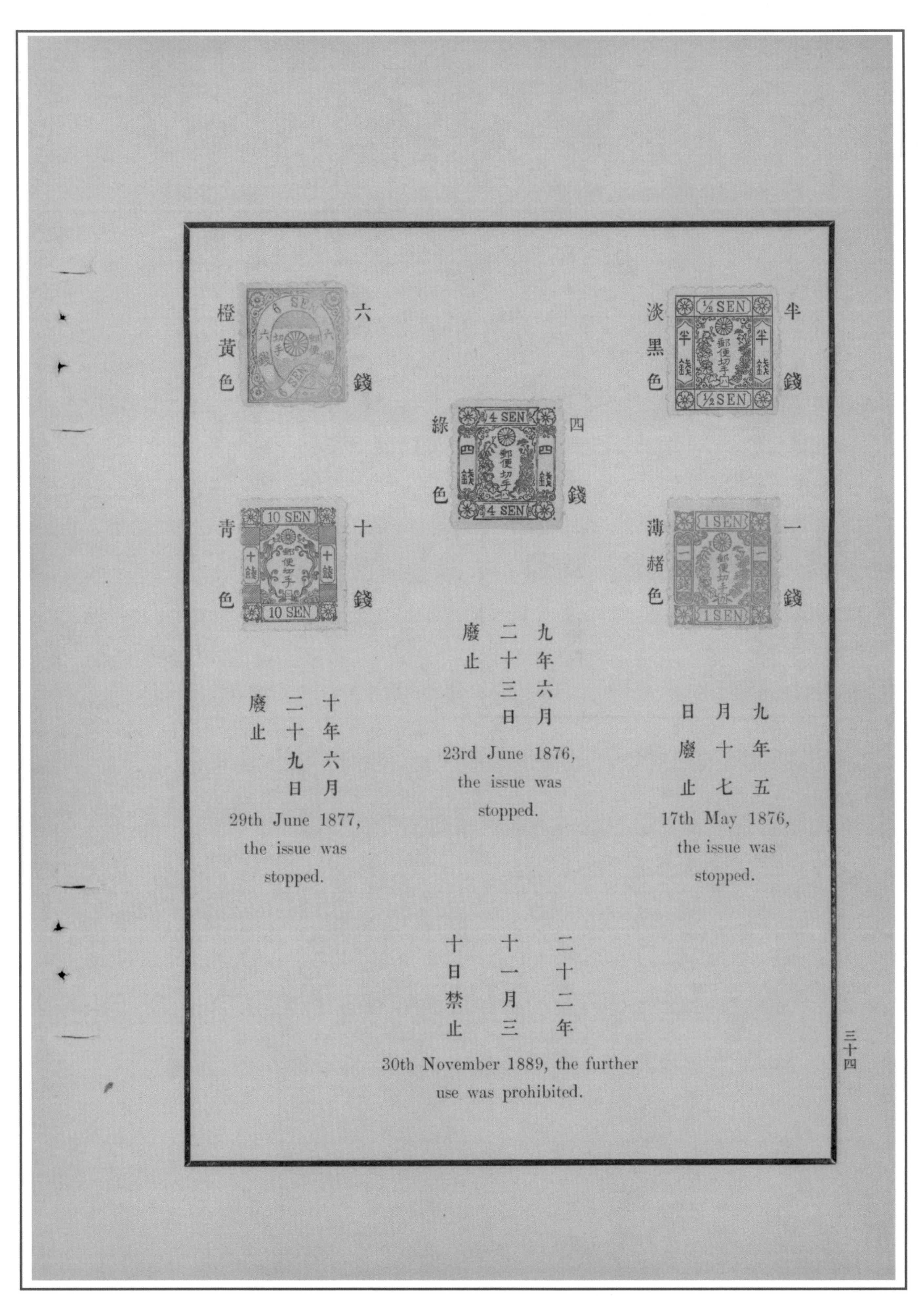

明治８年（1875）

２月４日 製造原価を考慮し、切手の刷色等を改定（3）
４月 帯紙を改定

八年二月四月

八年四月缺日

帯紙二厘五毛ヲ改正ス蓋シ舊版磨滅ニ由ル

本項決議書缺ケ其故ヲ詳ニセス切手見本簿八年四月正院屆ト記ス姑ク之ニ從フ」切手見本簿ハ二十二年十月本省内信局ノ編纂ニ係ル

APRIL 1875.

A 2½ rin wrapper was issued and substituted for the old one on account of the engraving being worn out.

二十錢 紅色

三十錢 紫色

十年八月十八日廢止

18th August 1877, the issue was stopped.

二十二年十一月三十日禁止

30th November 1889, the further use was prohibited.

三十五

明治8年（1875）

4月 帯紙を改定
5月10日 葉書の改定

二厘五毛

印面紅色

十三年六月（日缺）廢止

June 1880, the issue was stopped.

八年五月十日

葉書二種ヲ改正ス舊製ハ二折ニシテ緘スヘク且規則書中ニ信文ヲ書スルノ弊アルヲ以テ也

八年四月二十四日內務省驛遞寮決議○同年五月十日布告第八十一號

10TH MAY 1875.

An alteration was made in the two different kinds of post-cards on account of misuse e. g. sealing together the folded parts (the old post-cards were folding cards), or writing communications on the parts not intended for correspondence.

三十六

明治８年（1875）

５月 10 日 丸菊半銭葉書の発行

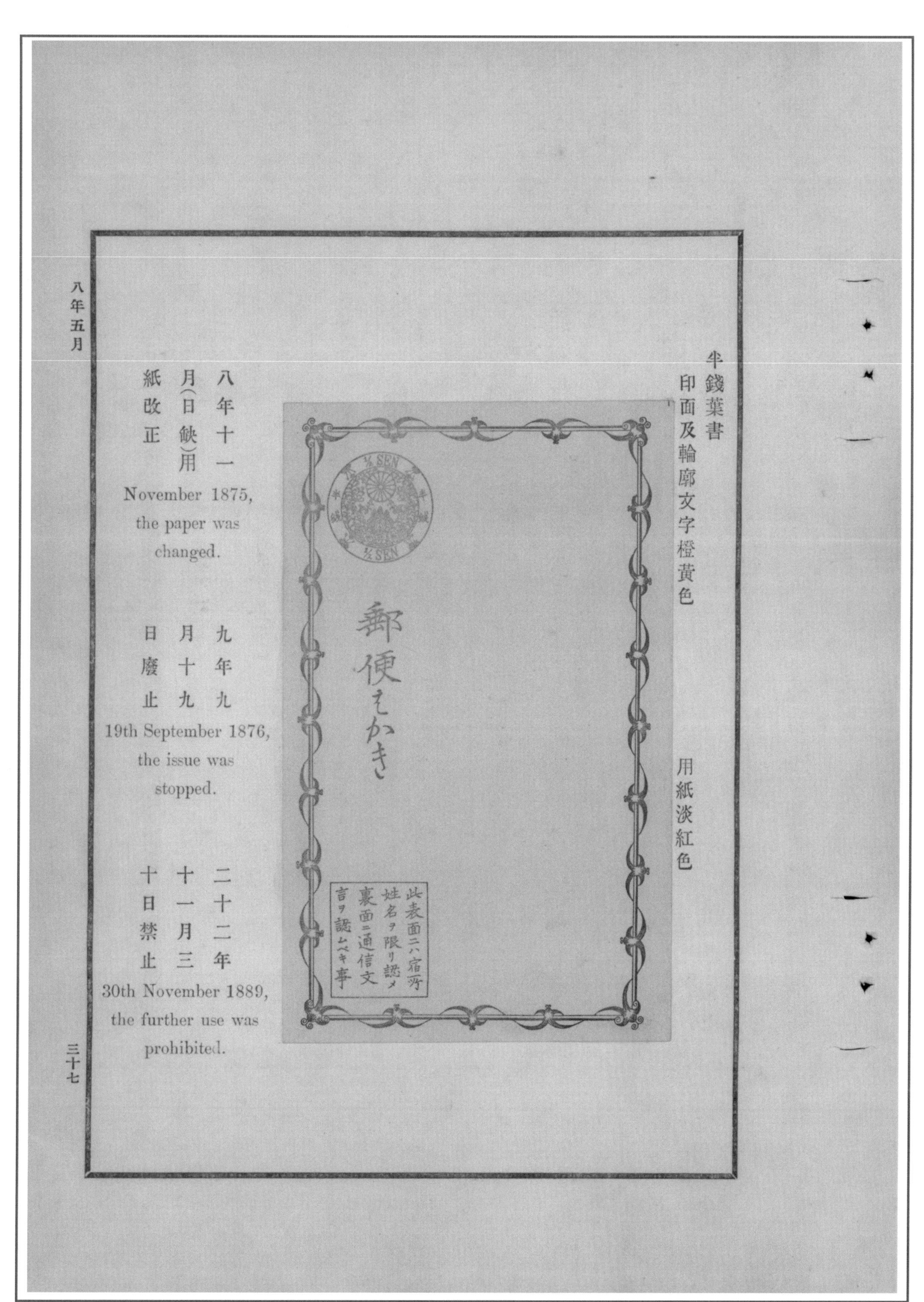
半銭葉書

印面及輪廓文字橙黄色

用紙淡紅色

八年十一月（日缺）用紙改正

November 1875, the paper was changed.

九年九月十九日廢止

19th September 1876, the issue was stopped.

二十二年十一月三十日禁止

30th November 1889, the further use was prohibited.

明治８年（1875）

５月10日 丸菊一銭葉書の発行

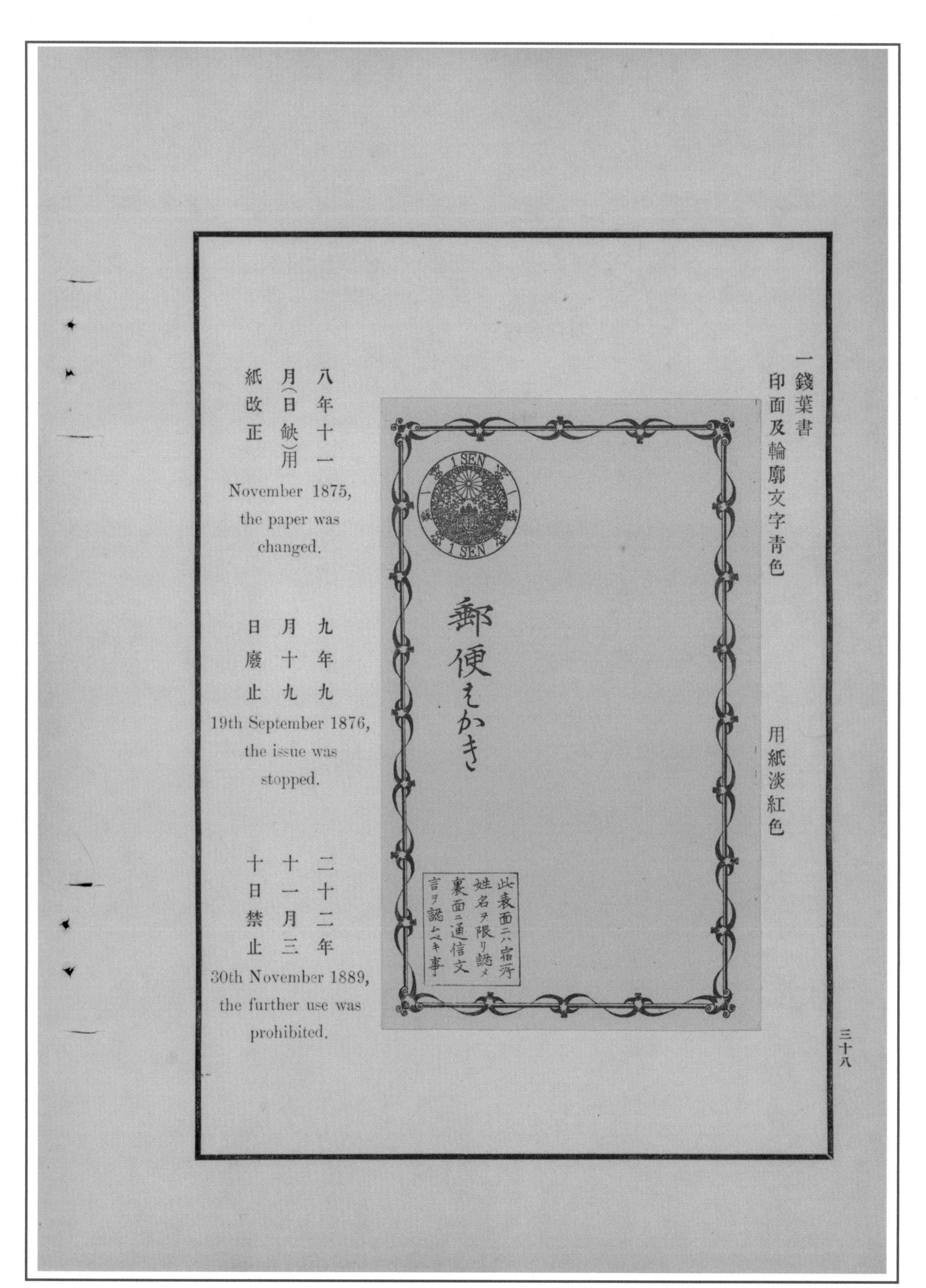

明治８年（1875）

６月 11 日 切手葉書封皮印面のカナ入れを廃止
11 月 葉書用紙をピンクから白に変更

八年六月十一日

切手葉書封皮印面ノイロハ文字ヲ刪除ス他日電機製ニ改ムルノ議アリ故ニ其煩ヲ省ク

八年五月二十三日内務省驛遞寮決議○同年六月十一日布告第百四號

八年十一月 缺日

葉書用紙ヲ改正ス初メ淡紅紙ヲ用ユ濕氣ニ觸レ其色和染ス是ニ至テ白ニ改ム

八年十一月十五日内務省驛遞寮決議

本項用紙ヲ改ムルノミニシテ他ニ異ル所ナシ故ニ其見本ヲ略ス

11TH JUNE 1875.

The printing of the alphabetical characters (イ) (ロ) (ハ) upon the face of the stamps on the post-cards, and stamped envelopes, and on the postage stamps, was discontinued on account of the process of electrotyping, which it was intended to substitute for the present method of engraving.

NOVEMBER 1875.

An alteration was made in the paper of the post-cards which were now made of white paper, on account of the former paper, which was of a pale red color, being liable to be affected by moisture, and so to change its color.

八年五月、六月、十一月

三十九

明治9年（1876）

3月19日5銭切手の発行
5月17日5厘1銭2銭切手の発行

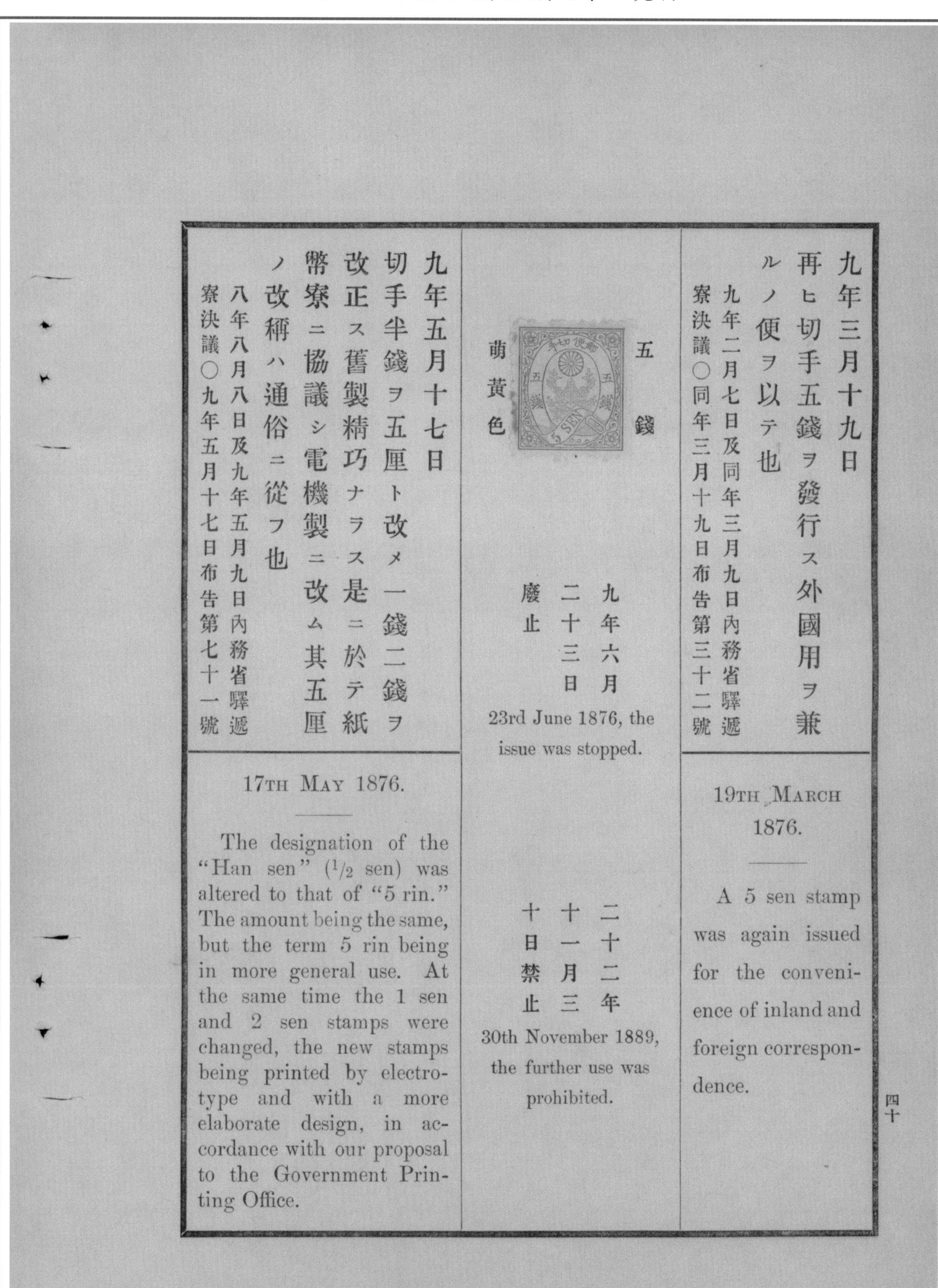

九年三月十九日
再ヒ切手五錢ヲ發行ス外國用ヲ兼ルノ便ヲ以テ也
九年二月七日及同年三月九日内務省驛遞寮決議○同年三月十九日布告第三十二號

19TH MARCH 1876.

A 5 sen stamp was again issued for the convenience of inland and foreign correspondence.

五錢
萌黄色

九年六月二十三日廢止

23rd June 1876, the issue was stopped.

二十二年十一月三十日禁止

30th November 1889, the further use was prohibited.

九年五月十七日
切手半錢ヲ五厘ト改メ一錢二錢ヲ改正ス舊製精巧ナラス是ニ於テ紙幣寮ニ協議シ電機製ニ改ム其五厘ノ改稱ハ通俗ニ從フ也
八年八月八日及九年五月九日内務省驛遞寮決議○九年五月十七日布告第七十一號

17TH MAY 1876.

The designation of the "Han sen" (1/2 sen) was altered to that of "5 rin." The amount being the same, but the term 5 rin being in more general use. At the same time the 1 sen and 2 sen stamps were changed, the new stamps being printed by electrotype and with a more elaborate design, in accordance with our proposal to the Government Printing Office.

四十

明治９年（1876）

５月17日５厘１銭２銭切手の発行
６月23日４銭５銭切手の発行

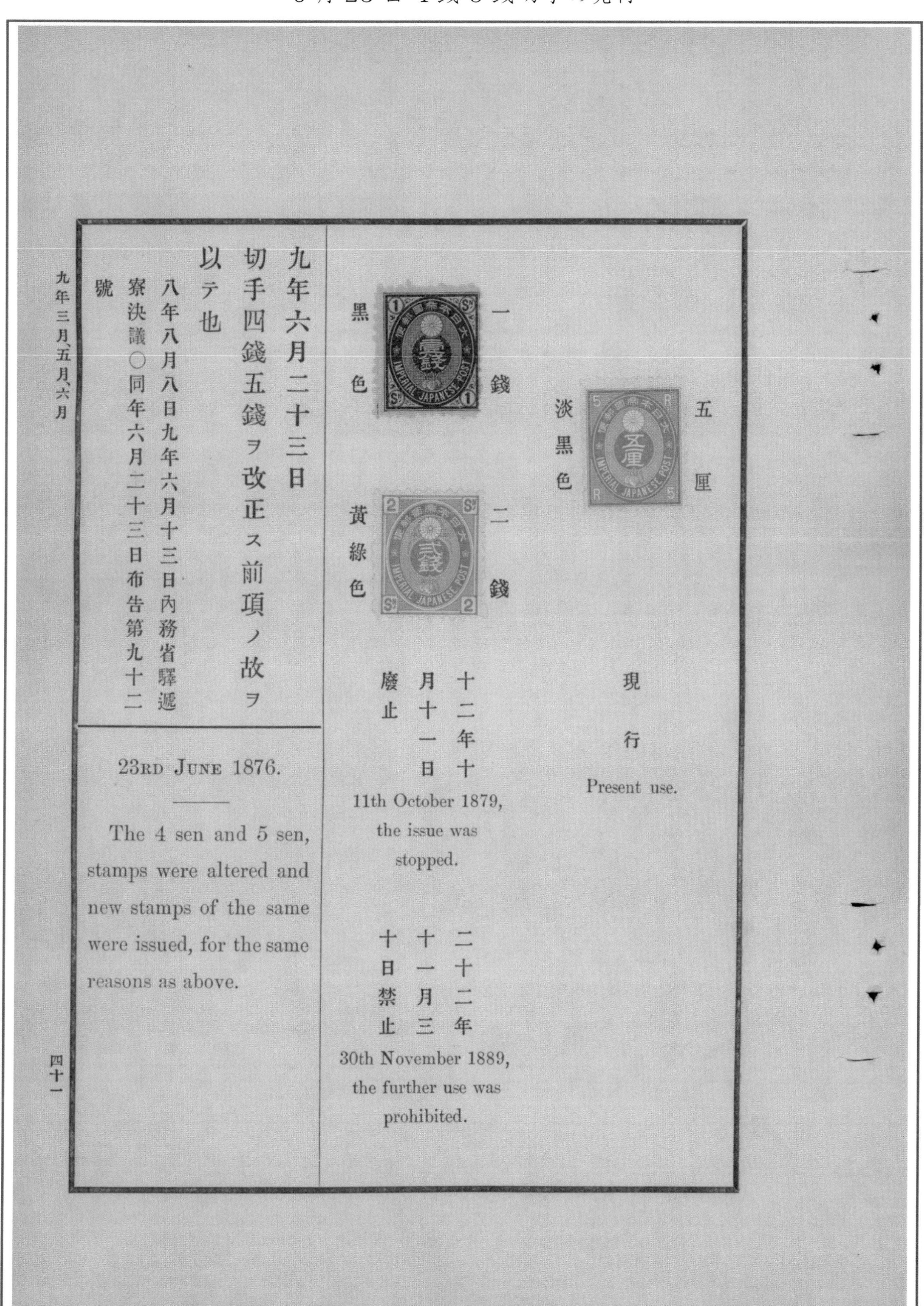

五厘 淡黑色

現行

Present use.

一錢 黑色

二錢 黃綠色

十二年十月十一日廢止

11th October 1879, the issue was stopped.

二十二年十一月三十日禁止

30th November 1889, the further use was prohibited.

九年六月二十三日
切手四錢五錢ヲ改正ス前項ノ故ヲ
以テ也

八年八月八日九年六月十三日內務省驛遞寮決議○同年六月二十三日布告第九十二號

23rd June 1876.

The 4 sen and 5 sen, stamps were altered and new stamps of the same were issued, for the same reasons as above.

九年三月、五月、六月

四十一

明治９年（1876）

６月23日４銭５銭切手の発行
９月19日 葉書の改定

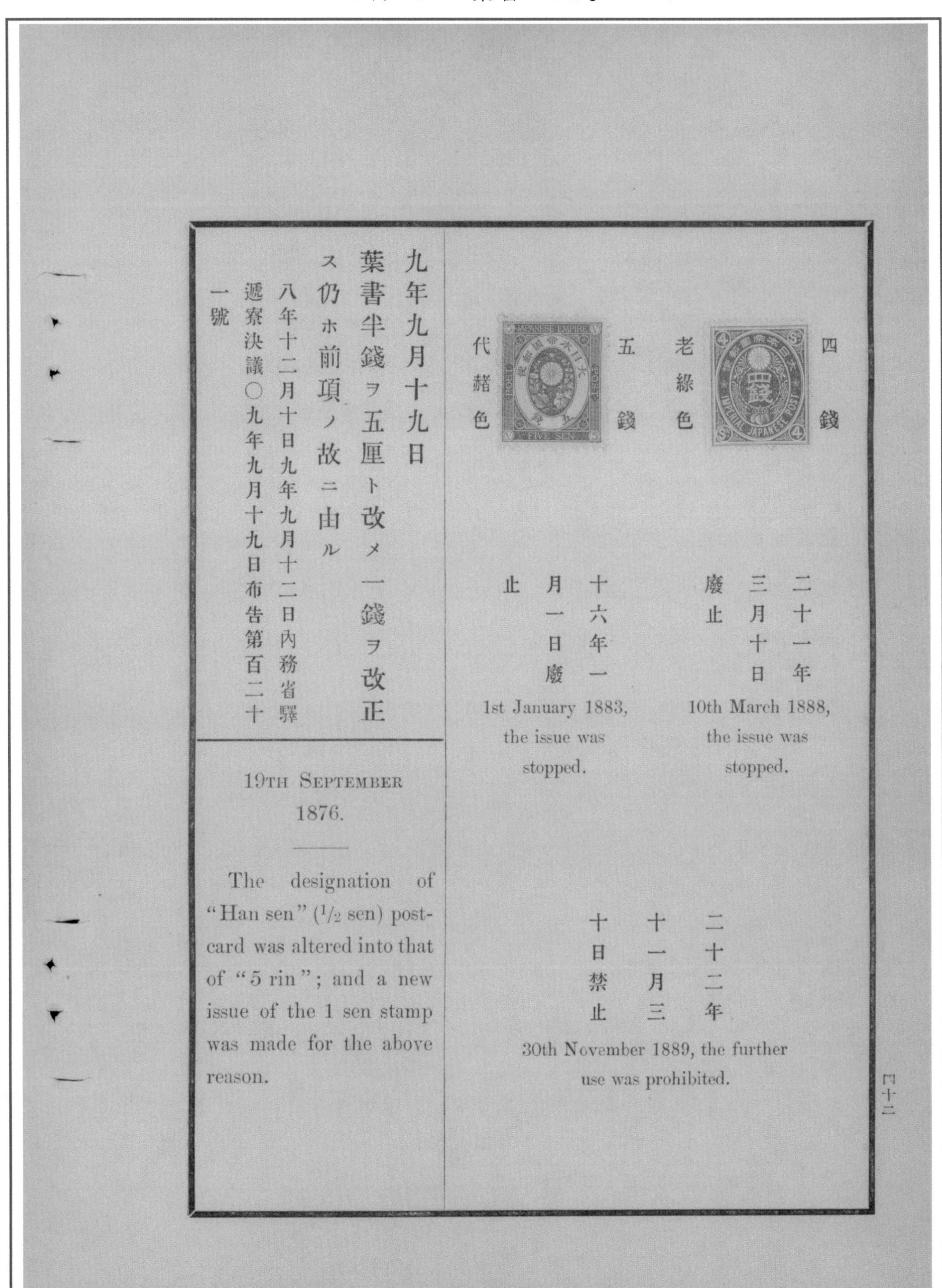

九年九月十九日

葉書半錢ヲ五厘ト改メ一錢ヲ改正ス仍ホ前項ノ故ニ由ル

八年十二月十日九年九月十二日内務省驛遞寮決議○九年九月十九日布告第百二十一號

19TH SEPTEMBER 1876.

The designation of "Han sen" (1/2 sen) post-card was altered into that of "5 rin"; and a new issue of the 1 sen stamp was made for the above reason.

四錢 老緑色

五錢 代赭色

二十一年三月十日廢止

10th March 1888, the issue was stopped.

十六年一月一日廢止

1st January 1883, the issue was stopped.

二十二年十一月三十日禁止

30th November 1889, the further use was prohibited.

四十二

明治９年（1876）

９月 19 日 小判５厘葉書の発行

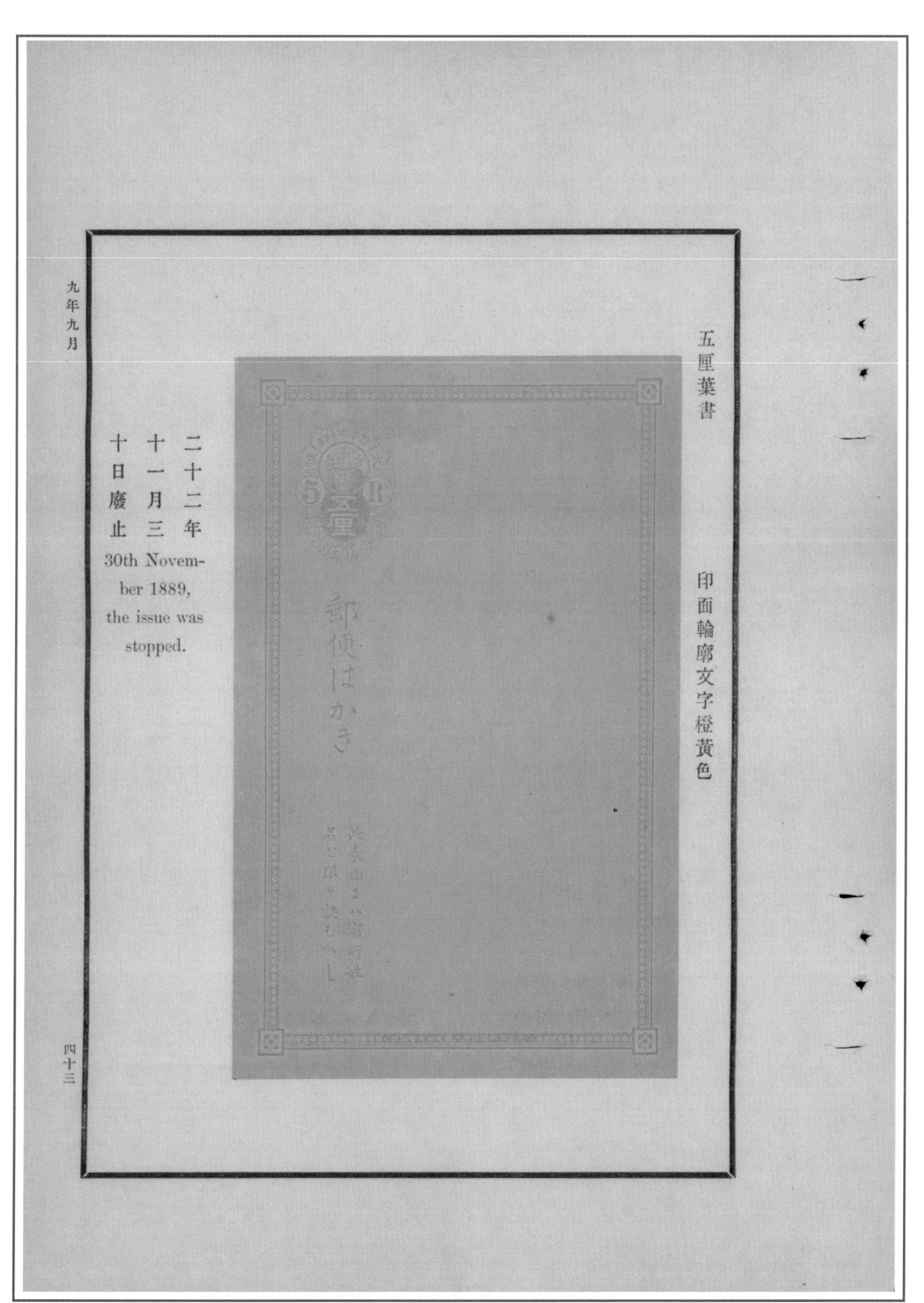

明治９年（1876）

９月19日 小判１銭葉書の発行

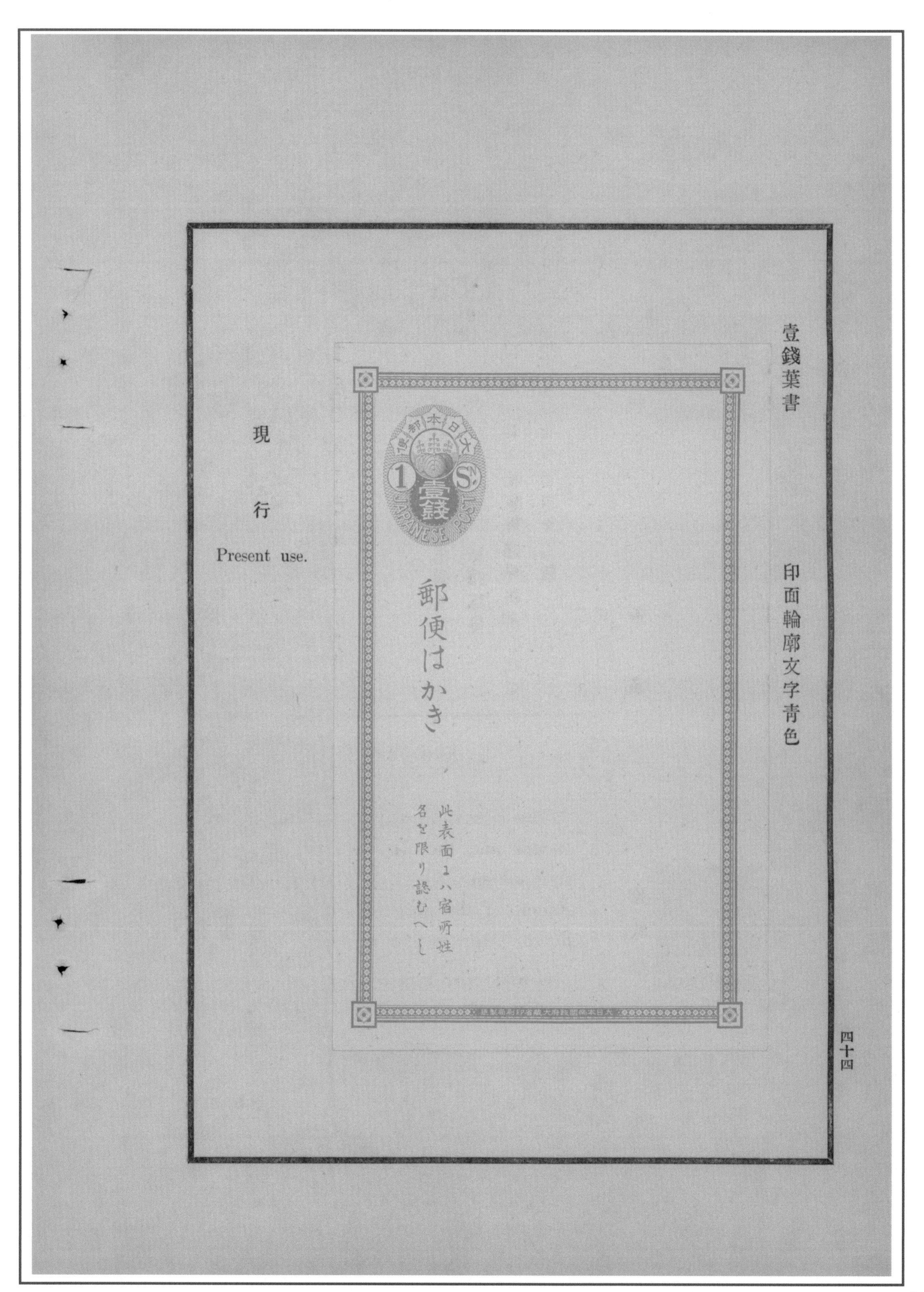

明治10年（1877）
6月29日 切手と封皮の発行（1）

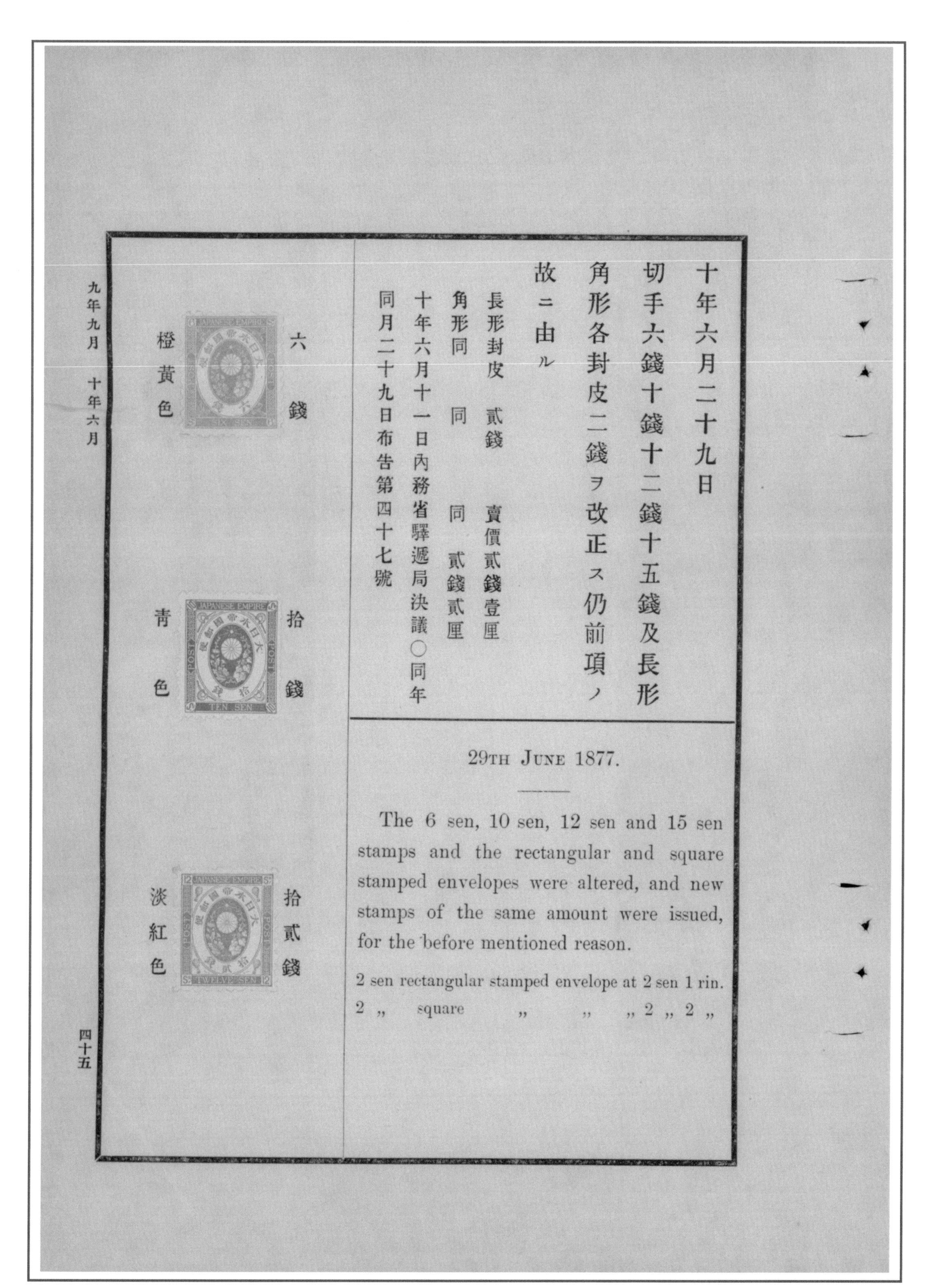

十年六月二十九日

切手六錢十錢十二錢十五錢及長形角形各封皮二錢ヲ改正ス仍前項ノ故ニ由ル

長形封皮　貳錢　賣價貳錢壹厘
角形同　同　同　貳錢貳厘

十年六月十一日内務省驛遞局決議○同年同月二十九日布告第四十七號

六錢　橙黃色
拾錢　青色
拾貳錢　淡紅色

九年九月　十年六月

29TH JUNE 1877.

The 6 sen, 10 sen, 12 sen and 15 sen stamps and the rectangular and square stamped envelopes were altered, and new stamps of the same amount were issued, for the before mentioned reason.

2 sen rectangular stamped envelope at 2 sen 1 rin.
2 „ square „ „ „ 2 „ 2 „

四十五

明治10年（1877）
6月29日 切手と封皮の発行（2）

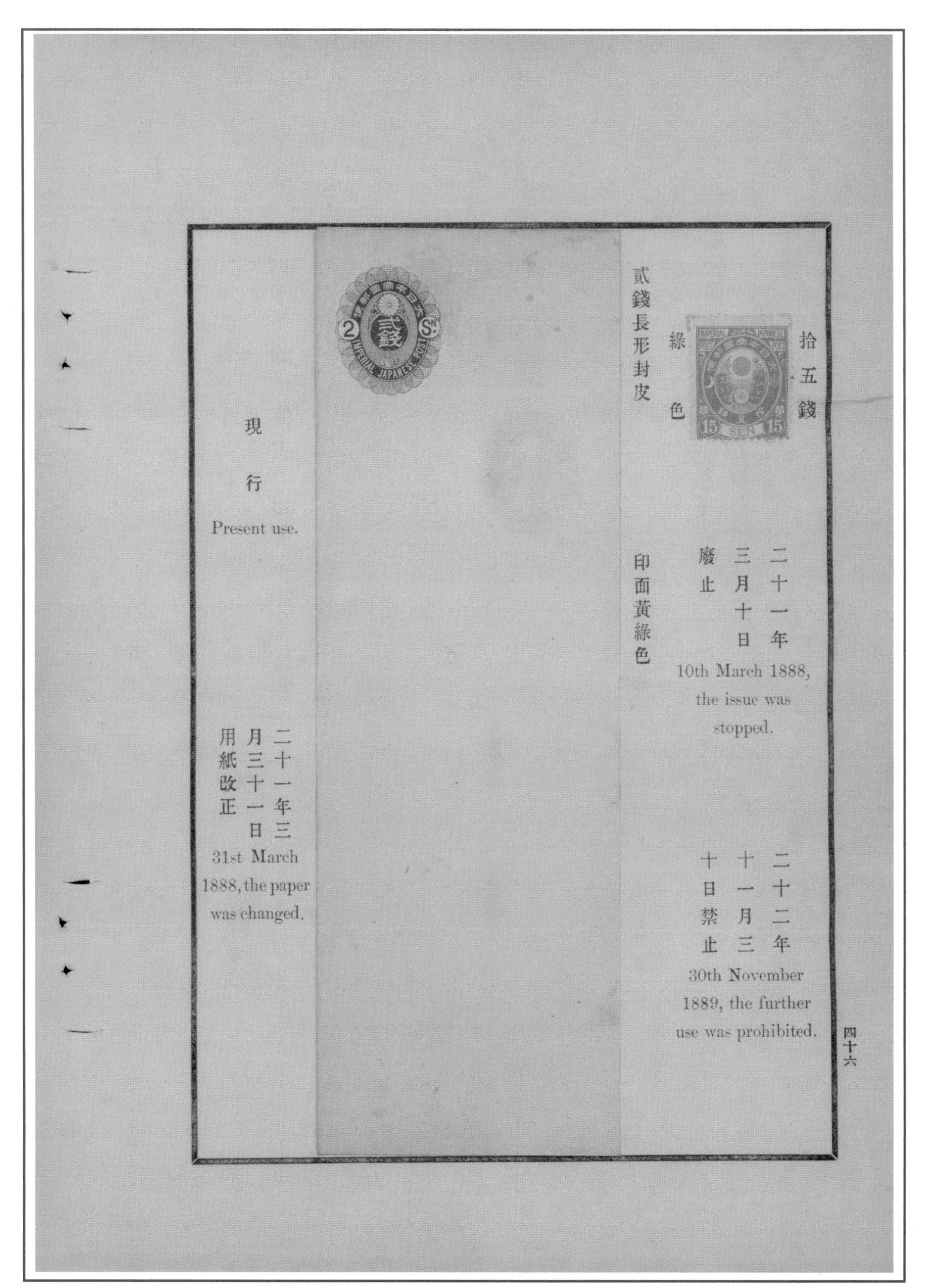

拾五錢
綠色

貳錢長形封皮

印面黃綠色

二十一年三月十日廢止
10th March 1888, the issue was stopped.

二十二年十一月三十日禁止
30th November 1889, the further use was prohibited.

現行
Present use.

二十一年三月三十一日用紙改正
31st March 1888, the paper was changed.

四十六

明治10年（1877）
6月29日 切手と封皮の発行（3）

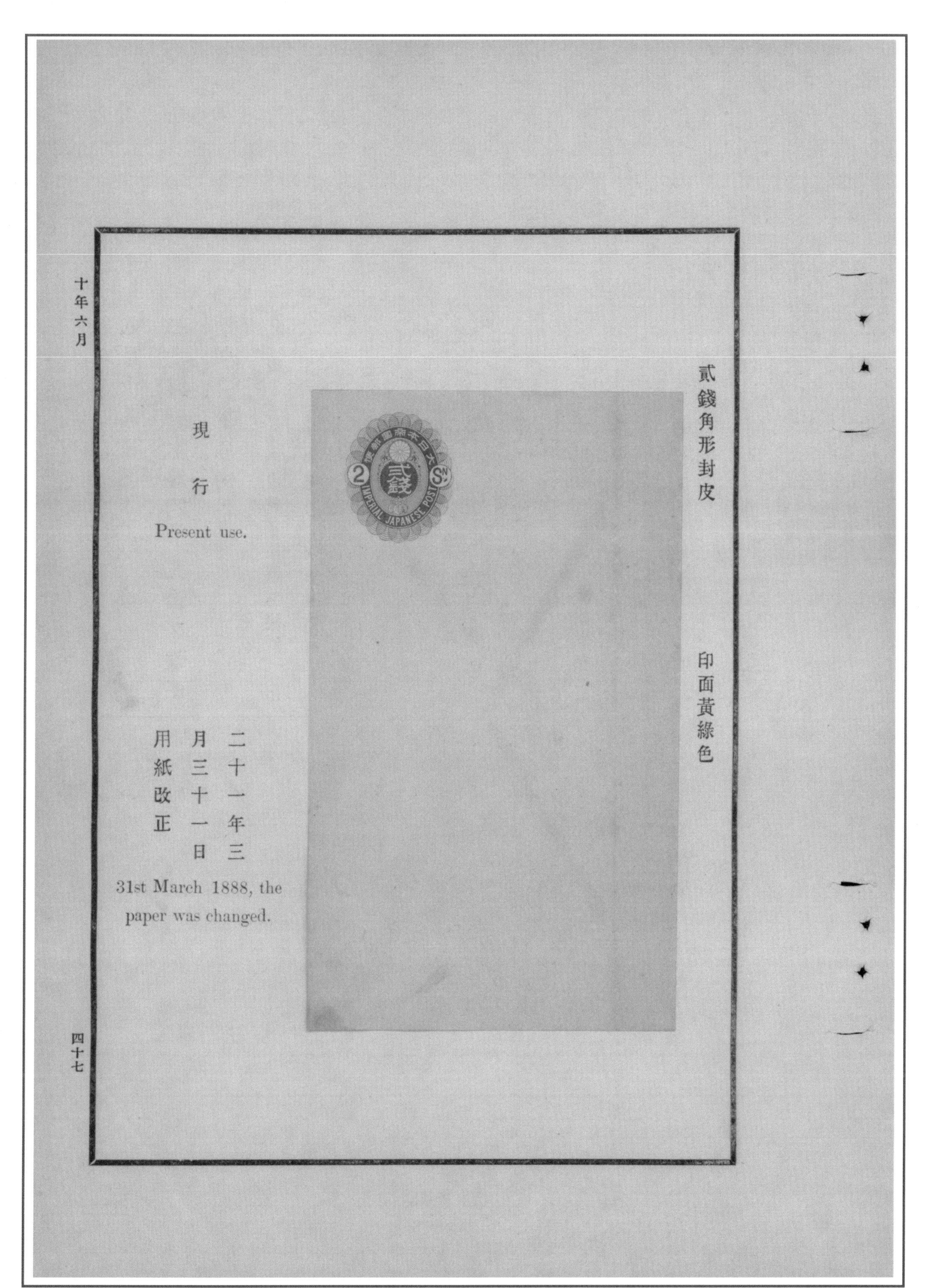

明治10年（1877）
8月18日 切手の改定

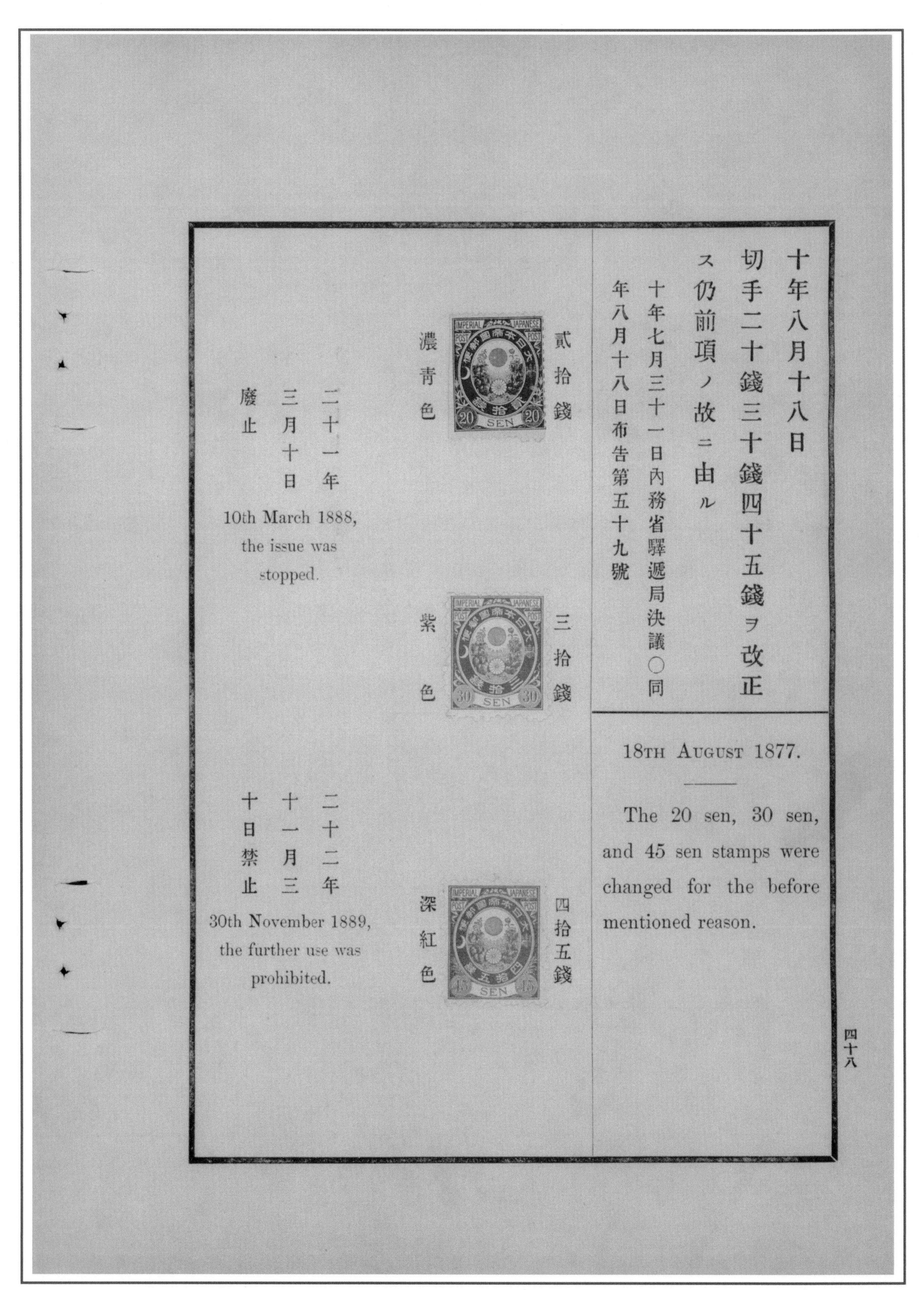
十年八月十八日
切手二十錢三十錢四十五錢ヲ改正ス仍前項ノ故ニ由ル
十年七月三十一日内務省驛遞局決議○同年八月十八日布告第五十九號

18TH AUGUST 1877.

The 20 sen, 30 sen, and 45 sen stamps were changed for the before mentioned reason.

貳拾錢　濃青色

三拾錢　紫色

四拾五錢　深紅色

二十一年三月十日廢止

10th March 1888, the issue was stopped.

二十二年十一月三十日禁止

30th November 1889, the further use was prohibited.

四十八

明治10年（1877）
11月20日8銭切手、万国連合葉書の発行（1）

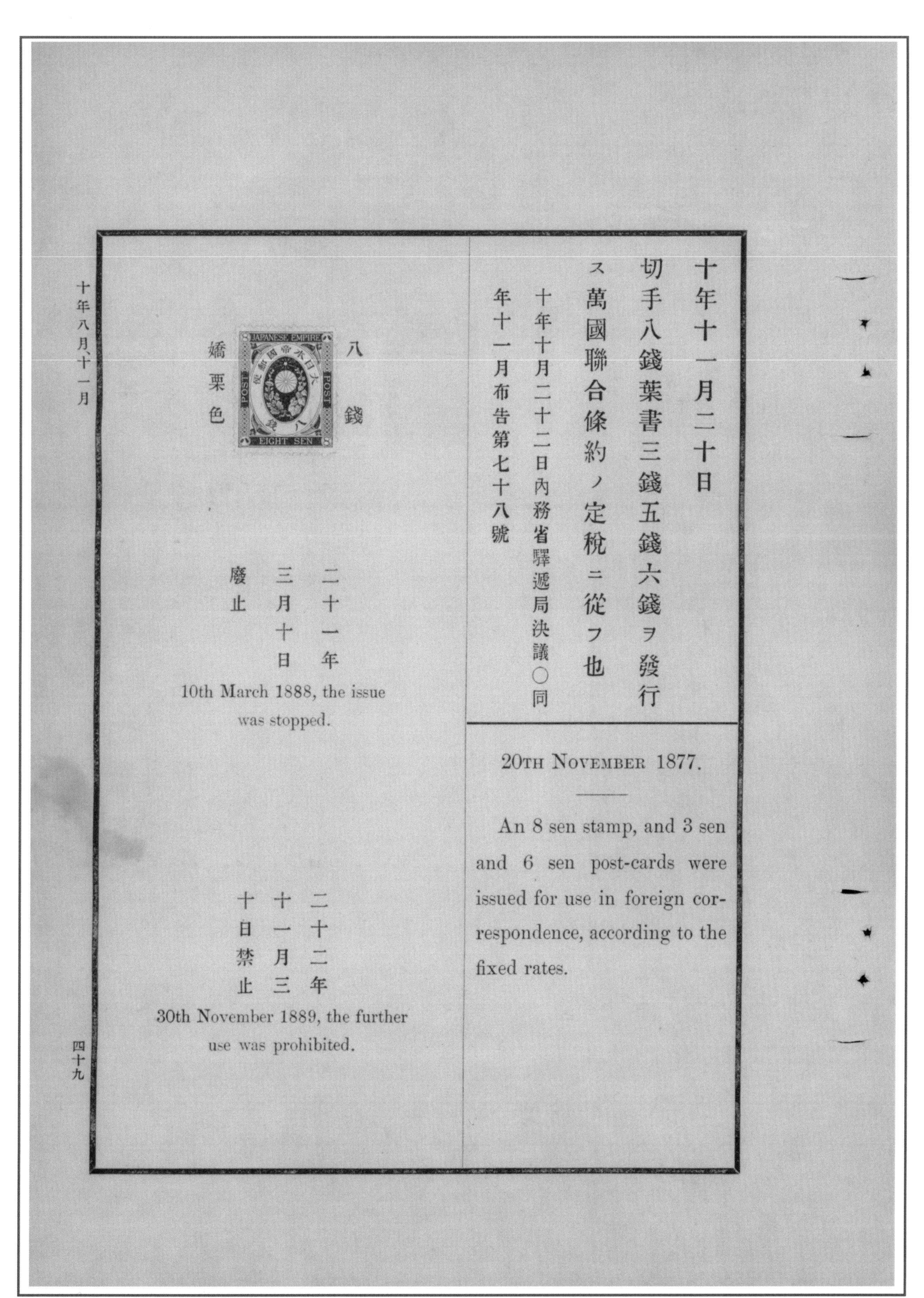

十年十一月二十日

切手八錢葉書三錢五錢六錢ヲ發行ス萬國聯合條約ノ定税ニ從フ也

十年十月二十二日內務省驛遞局決議○同年十一月布告第七十八號

20th November 1877.

An 8 sen stamp, and 3 sen and 6 sen post-cards were issued for use in foreign correspondence, according to the fixed rates.

八錢

嬌栗色

二十一年三月十日廢止

10th March 1888, the issue was stopped.

二十二年十一月三十日禁止

30th November 1889, the further use was prohibited.

十年八月、十一月

四十九

明治10年（1877）
11月20日8銭切手、万国連合葉書の発行（2）

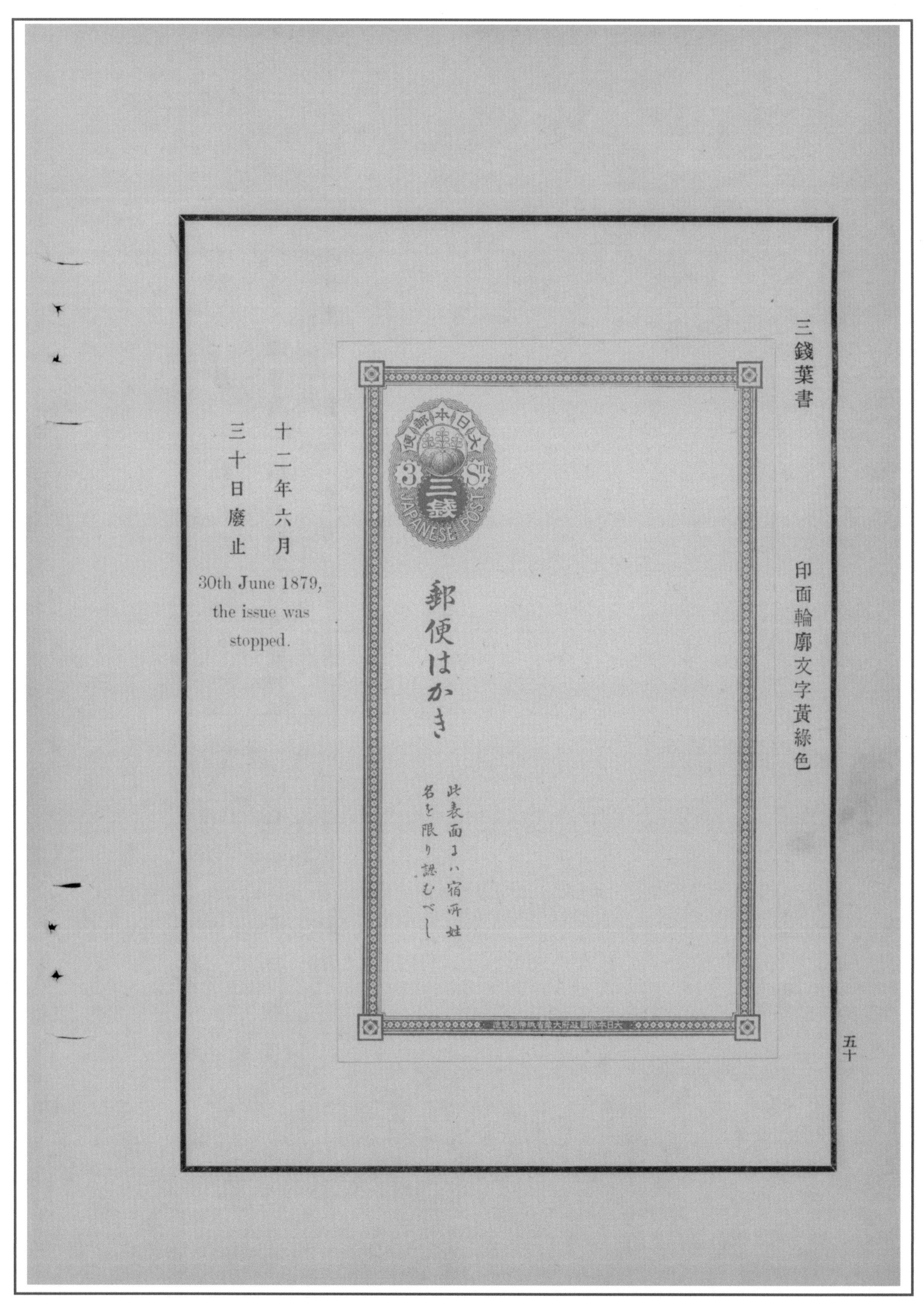

明治10年（1877）
11月20日8銭切手、万国連合葉書の発行（3）

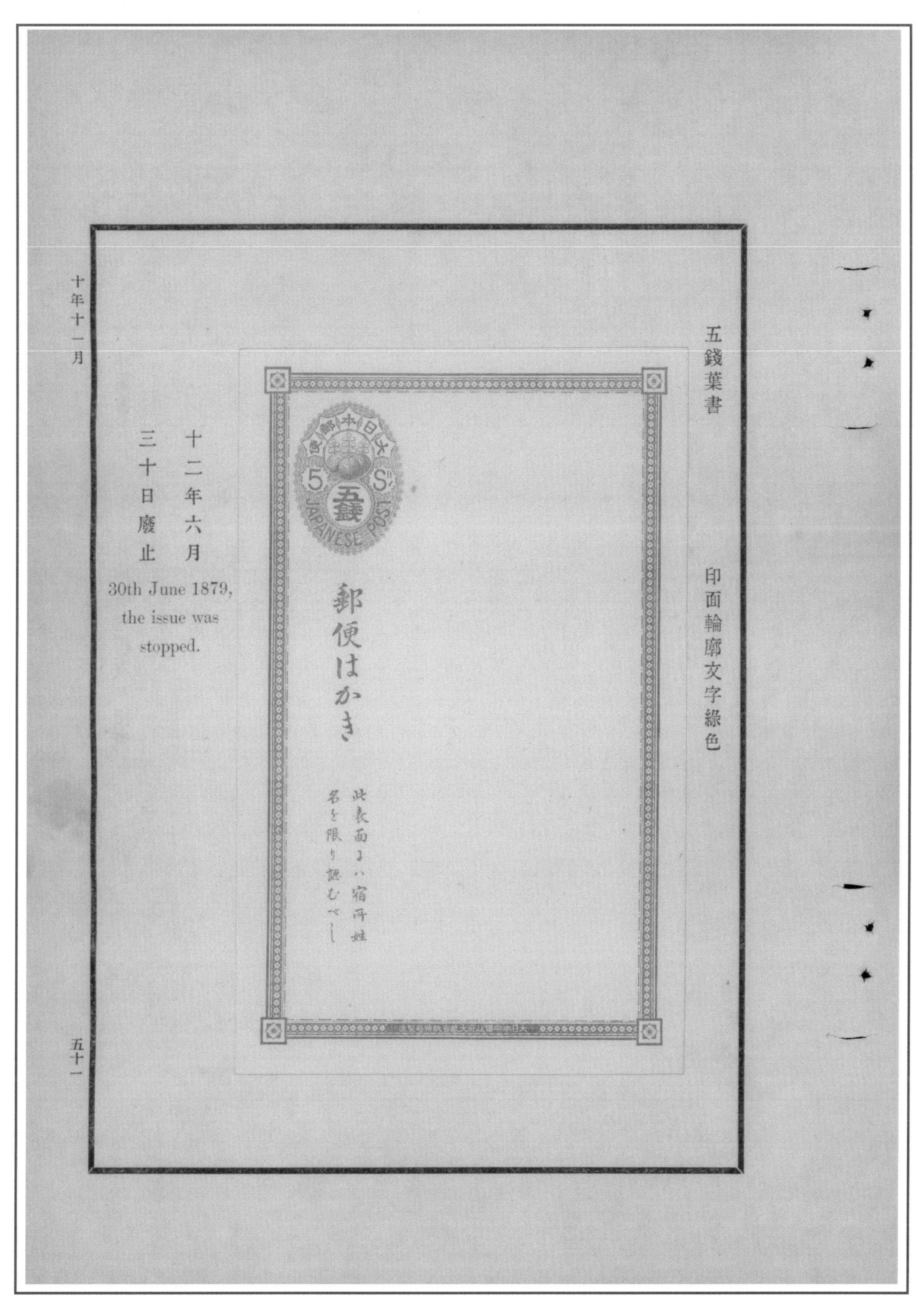

明治10年（1877）
11月20日8銭切手、万国連合葉書の発行（4）

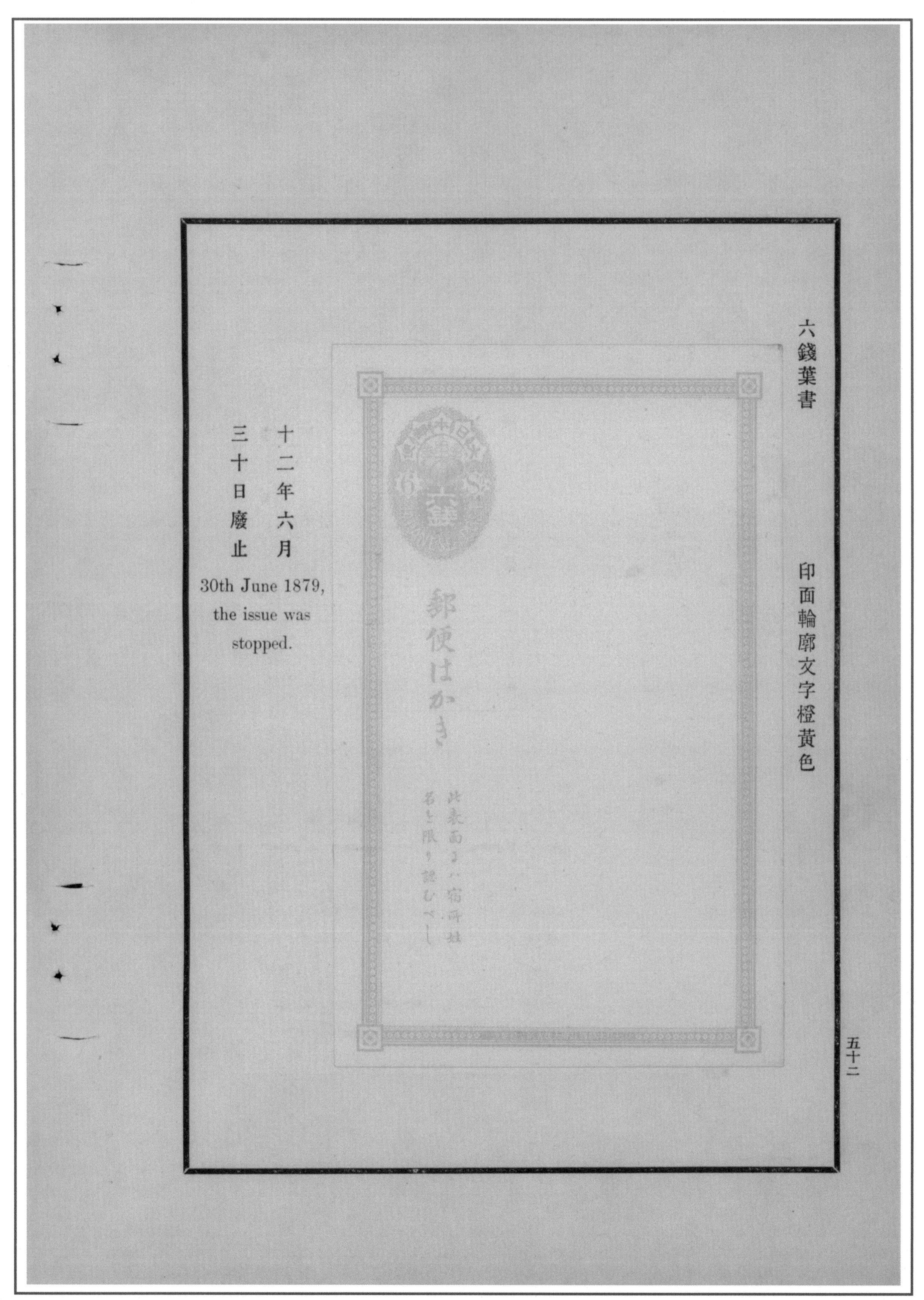

明治12年（1879）
6月30日3銭、5銭、万国連合葉書の発行（1）

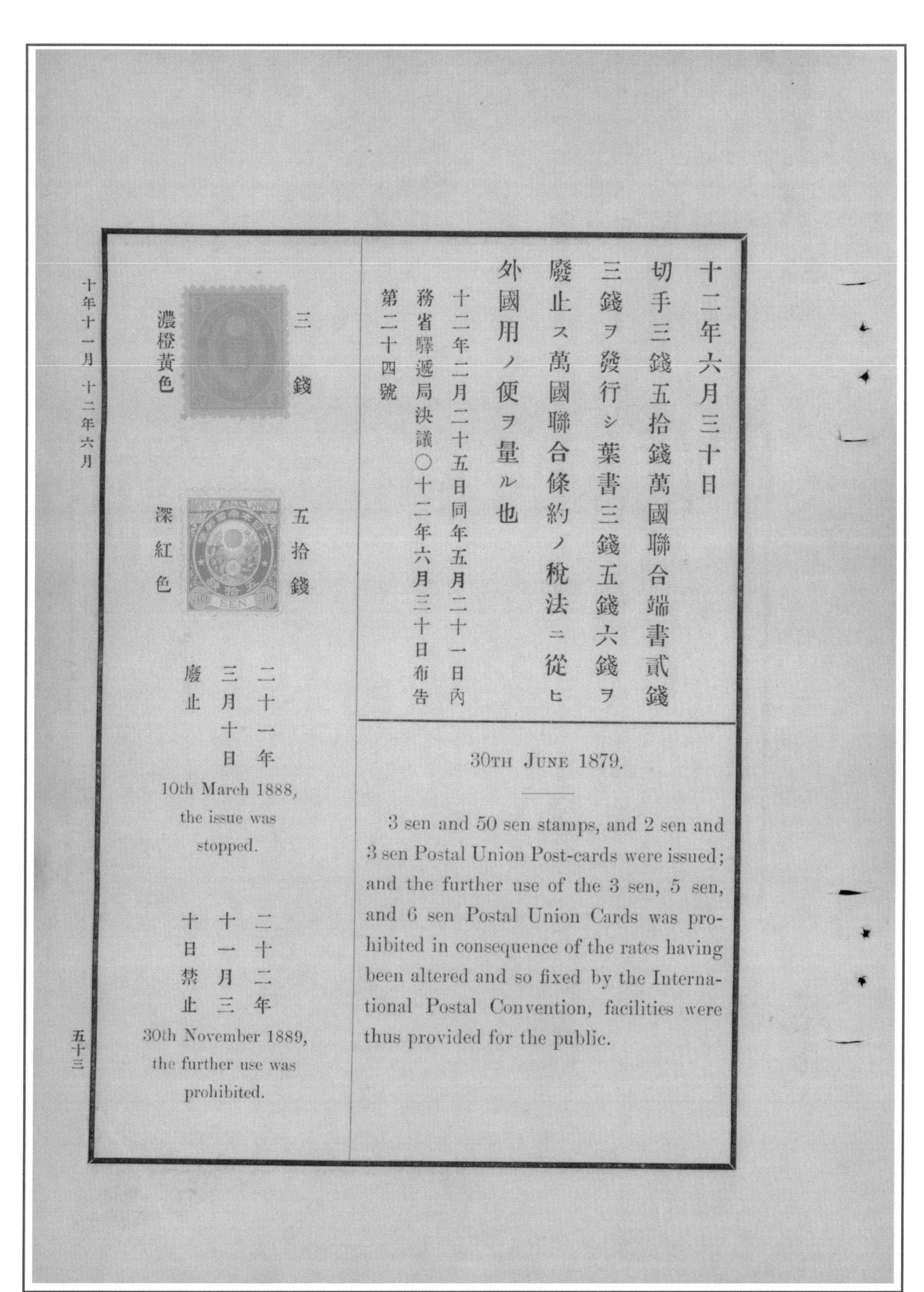

十二年六月三十日

切手三錢五拾錢萬國聯合端書貳錢三錢ヲ發行シ葉書三錢五錢六錢ヲ廢止ス萬國聯合條約ノ稅法ニ從ヒ外國用ノ便ヲ量ル也

十二年二月二十五日同年五月二十一日內務省驛遞局決議○十二年六月三十日布告第二十四號

30TH JUNE 1879.

3 sen and 50 sen stamps, and 2 sen and 3 sen Postal Union Post-cards were issued; and the further use of the 3 sen, 5 sen, and 6 sen Postal Union Cards was prohibited in consequence of the rates having been altered and so fixed by the International Postal Convention, facilities were thus provided for the public.

三錢 濃橙黃色

五拾錢 深紅色

二十一年三月十日廢止

10th March 1888, the issue was stopped.

二十二年十一月三十日禁止

30th November 1889, the further use was prohibited.

十年十一月　十二年六月

五十三

明治 12 年（1879）
6 月 30 日 3 銭、5 銭、万国連合葉書の発行（2）

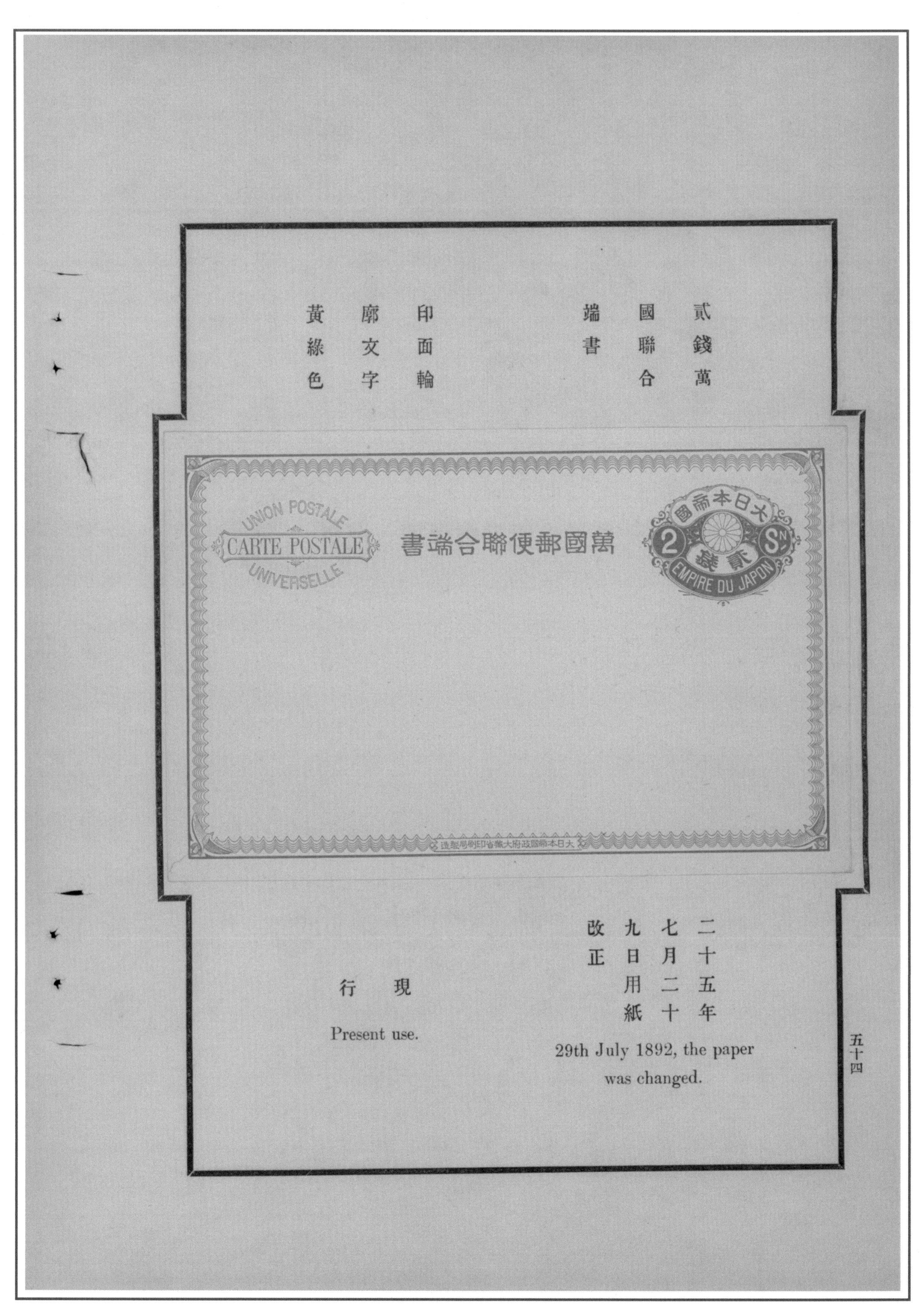

明治 12 年（1879）
6 月 30 日 3 銭、5 銭、万国連合葉書の発行（3）

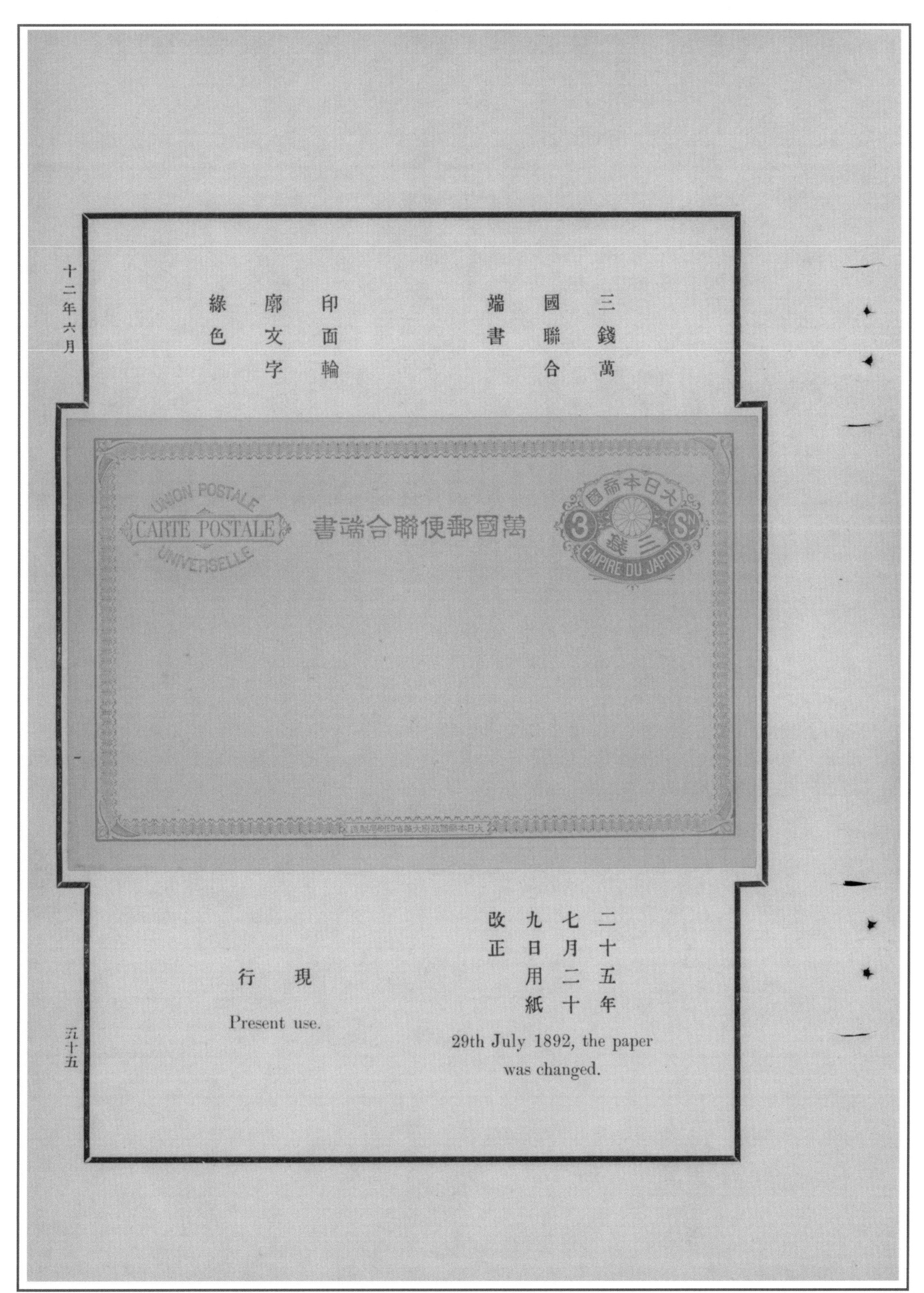

明治 12 年（1879）

10 月 11 日 1,2 銭切手の刷色変更
翌 6 月 帯紙の改定

十二年十月十一日

切手壹錢貳錢ノ彩色ヲ改正ス彩質堅硬ニシテ消印ヲ洗除シ再用スルノ虞アルヲ以テ也

十二年九月二日及同月二十四日内務省驛遞局決議○同年十月十一日布告第四十四號

11TH OCTOBER 1879.

The colors of the 1 sen and 2 sen stamps were changed so as to prevent the use of the defaced stamps a second time (after washing off the defacing marks), as the colors of the said stamps were so durable as to allow of such an operation.

壹錢 代赭色

貳錢 桔梗色

十六年一月一日廢止

1st January 1883, the issue was stopped.

二十二年十一月三十日禁止

30th November 1889, the further use was prohibited.

十三年六月缺日

帶紙二厘五毛ヲ改正ス蓋シ舊版磨滅ニ由ル

本項決議書缺ケ共故ヲ詳ニセス切手見本簿十三年六月正院届ト記ス姑ク之ニ從フ」切手見本簿ハ二十二年十月本省内信局ノ編纂ニ係ル

JULY 1880.

The $2^1/_2$ rin wrapper was changed on account of the engravings being worn out.

五十六

明治 13 年 (1880)

6 月 帯紙の改定
翌々 12 月 31 日 葉書市内 5 厘料金の廃止

十二年十月 十三年六月 十五年十二月

十五年十二月三十一日
葉書五厘封皮一錢ノ賣下ヲ停止ス
是ヨリ先キ遠近等一税法既ニ行ル
而シテ只市内外配達ノ別アリ是ニ
至テ之ヲ改メ普ク等一法ト爲シ大
ニ郵便條例ヲ制定ス

十五年七月(日缺)農商務省驛遞局決議○同年十二月十六日布告第五十九號○同年十二月十八日驛遞總官達梓調第百十二號

31st December 1882.

The sale of the $1/2$ sen post-cards and 1 sen stamped envelopes used for city delivery was stopped. At the same time the practice of making a different rate for urban and extra-urban delivery was abandoned; though this practice had been in force ever since the adoption of an uniform rate of postage.

The postal regulations, at this time were entirely revised.

二厘五毛
印面紅色

二十二年十一月三十日廢止

30th November 1889, the issue was stopped.

五十七

明治16年（1883）

1月1日 1, 2, 5 銭切手の刷色の改定
翌4月29日 帯紙1銭の発行

十六年一月一日
切手壹錢貳錢五錢ノ彩色ヲ改正ス萬國聯合總理局ノ協議ニ依リ各國一定ノ彩色ニ從フ也
十五年九月十九日農商務省驛遞局決議○
十五年十二月二日布告第五十五號

1st January 1883.

The colors of the 1 sen, 2 sen and 5 sen stamps were changed, as a result of the Imperial Japanese Government having assented to the adoption of the proposed resolutions as to an uniformity of colors in the postage stamps, drawn up through the International Bureau.

壹錢　綠色

貳錢　紅色

五錢　藍色

現行

Present use.

十七年四月二十九日
帶紙壹錢ヲ發行ス郵便條例制定ニ由ル
十七年二月十四日農商務省驛遞局決議○
同年四月二十九日布達第十一號

29th April 1884.

A 1 sen wrapper was issued according to the revised postal regulations.

五十八

明治 17 年（1884）

4 月 29 日 帯紙 1 銭の発行
翌 1 月 1 日 往復葉書の導入

十六年一月　十七年四月　十八年一月

壹錢

印面藍色

二十二年十一月三十日廢止

30th November 1889, the issue was stopped.

十八年一月一日

往復葉書貳錢及萬國聯合往復端書四錢六錢ヲ發行ス萬國郵便聯合局長同盟往復葉書至便ノ事ヲ告ルニ由ル內國往復亦此ニ基ク

十六年十二月十五日十七年四月十三日農商務省驛遞局決議〇十七年十二月二十七日布告第三十三號

1st January 1885.

On this day, 2 sen reply post-card and 4 sen, 6 sen Union Post-cards, reply paid were issued.

The issue of the two latter was a result of the Imperial Japanese Government having assented to the exchange of reply paid post-cards, the proposal made at the International Bureau having proved convenient to the public.

With regard to this, the 2 sen reply post-card was issued.

五十九

明治 18 年（1885）
1 月 1 日 国内用往復葉書の発行

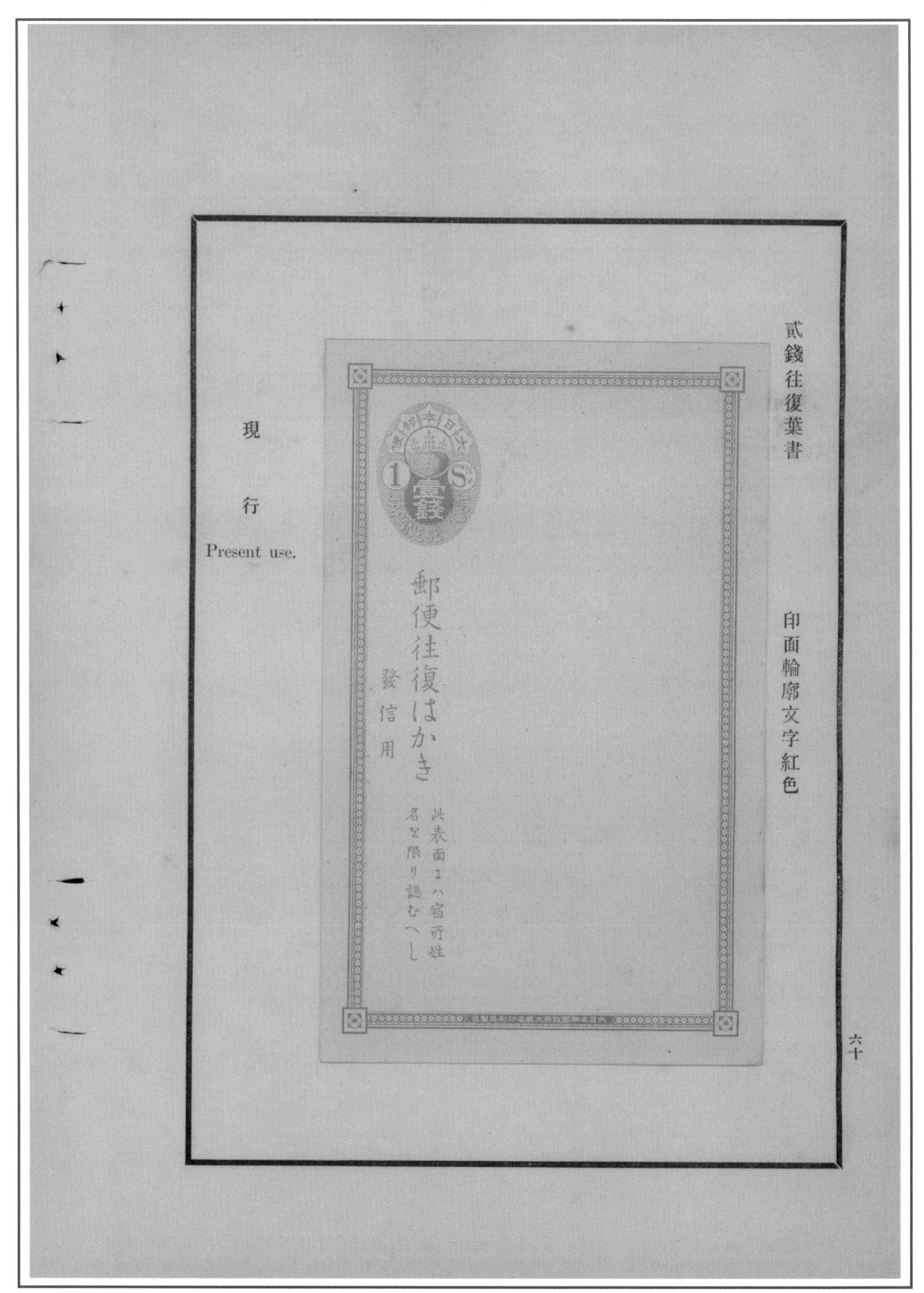

明治 18 年（1885）

1 月 1 日 外信二銭往復葉書の発行

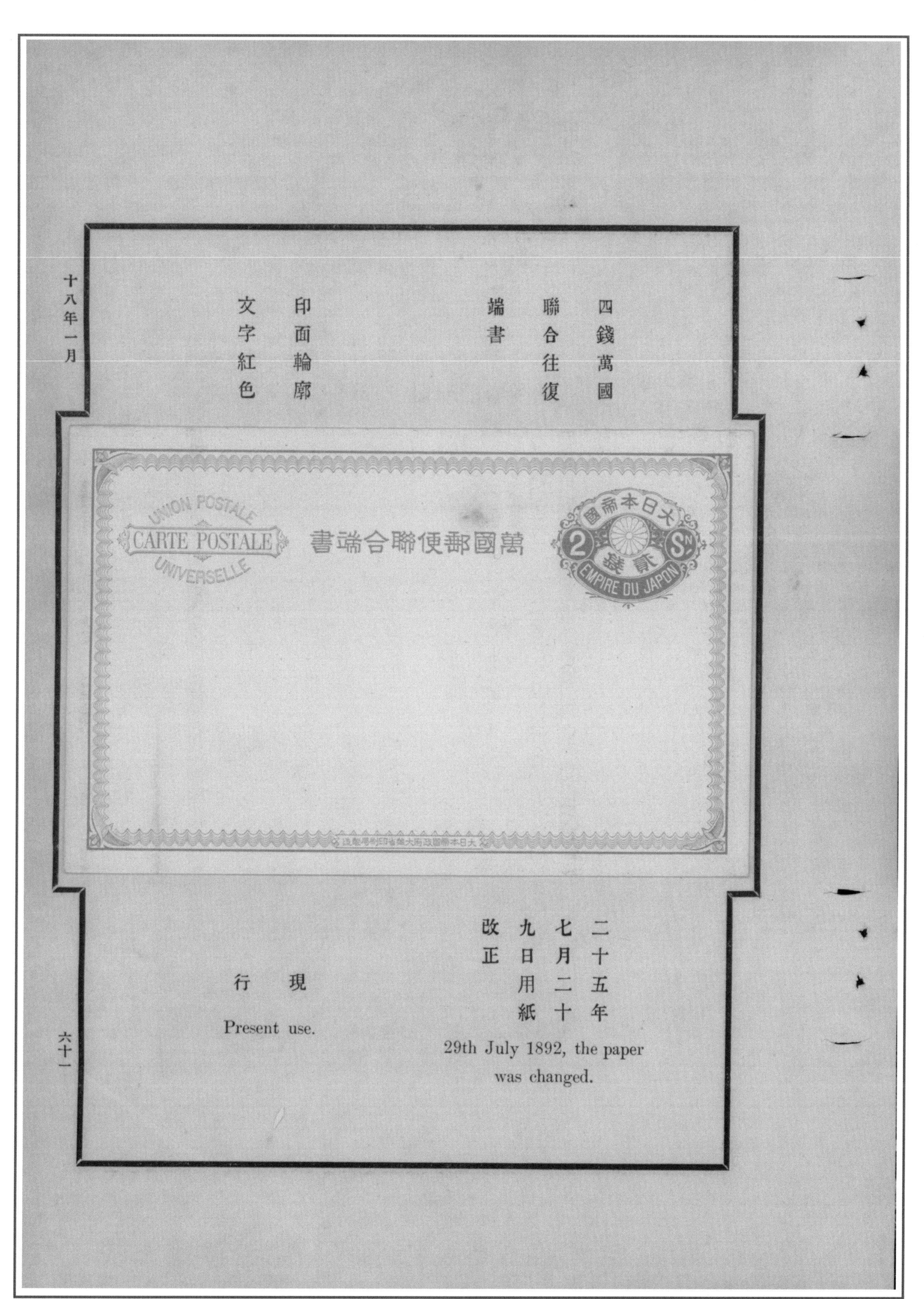

明治18年（1885）
1月1日 外信三銭往復葉書の発行

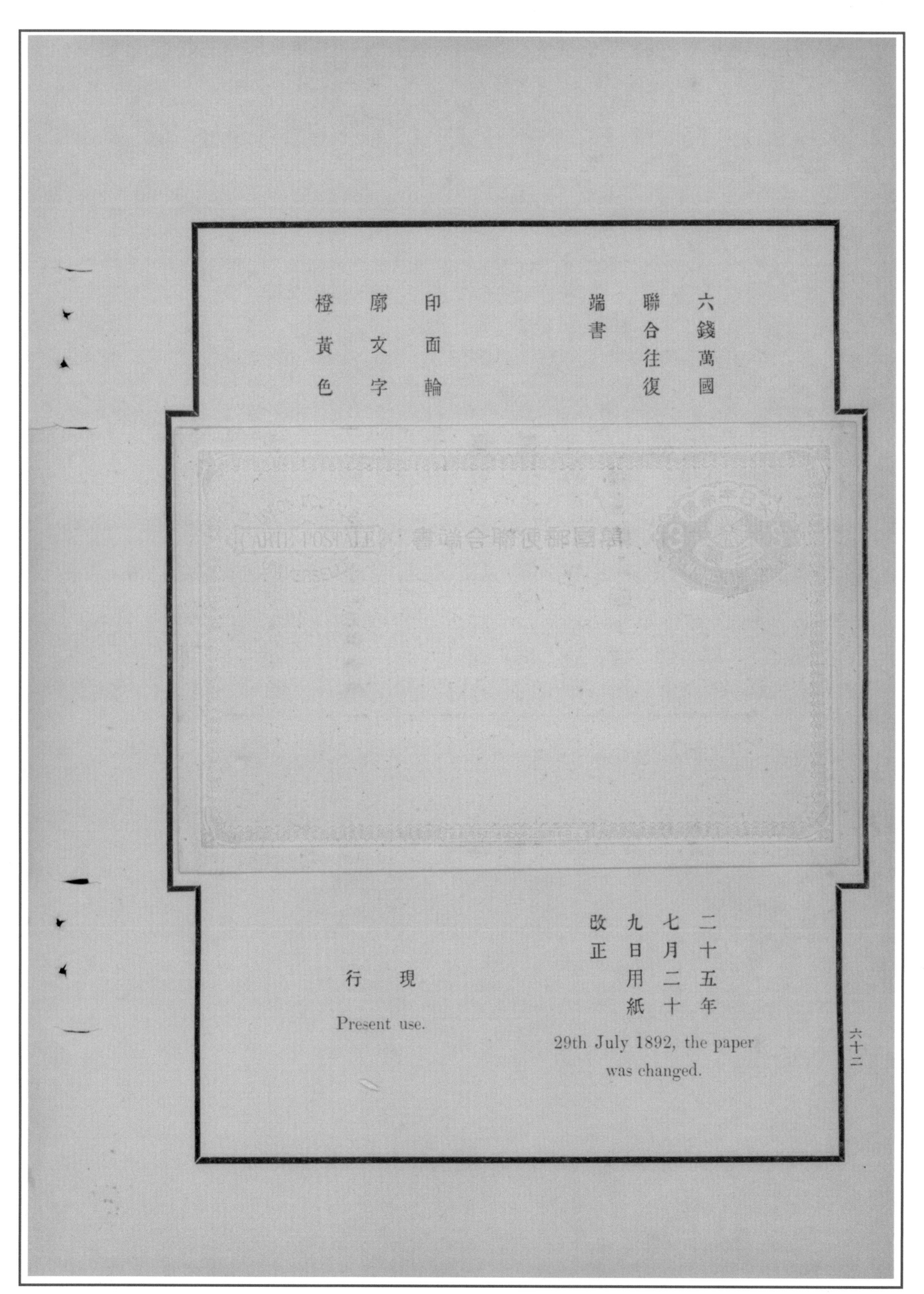

明治 19 年（1886）

3 月 31 日 廃止された切手類の売りさばきの禁止
翌々 3 月 10 日 小判切手一部額面の改定

十九年三月三十一日

廢止ニ屬スル切手類ノ賣下ヲ停止ス

決議書逸ス○十九年二月二十二日驛遞總官達甲第四十一號

二十一年三月十日

切手貳拾五錢壹圓ヲ發行シ四錢八錢拾錢拾五錢貳拾錢五拾錢ノ彩色ヲ改正シ三錢六錢拾貳錢三拾錢四拾五錢及封皮一錢四錢六錢ヲ廢止ス初メ電信切手アリ工部省ノ所管ニ係ル十八年十二月遞信省ニ屬シ切手ノ別ヲ要セス是ニ至テ之ヲ廢シ郵便切手ヲ以テ電信料ニ充テシ

十八年一月 十九年三月 二十一年三月

31st March 1886.

The sale of the stamps, the issue of which had been already suspended, was prohibited.

10th March 1888.

25 sen, and 1 yen stamps were issued; and a change was made in the colors of the stamps of the 4 sen, 8 sen, 10 sen, 15 sen, 20 sen, 50 sen denominations; and the issue of the 3 sen, 6 sen, 12 sen, 30 sen, 45 sen stamps and, 1 sen, 4 sen, 6 sen stamped envelopes was stopped.

Long before this time telegraph stamps had been issued and continued in use so long as the Telegraphic Service remained under the control of the Department of Public Works. In December 1885 the service was amalgamated with, and the control was placed under the State

六十三

明治21年（1888）
3月10日 小判切手一部額面の改定

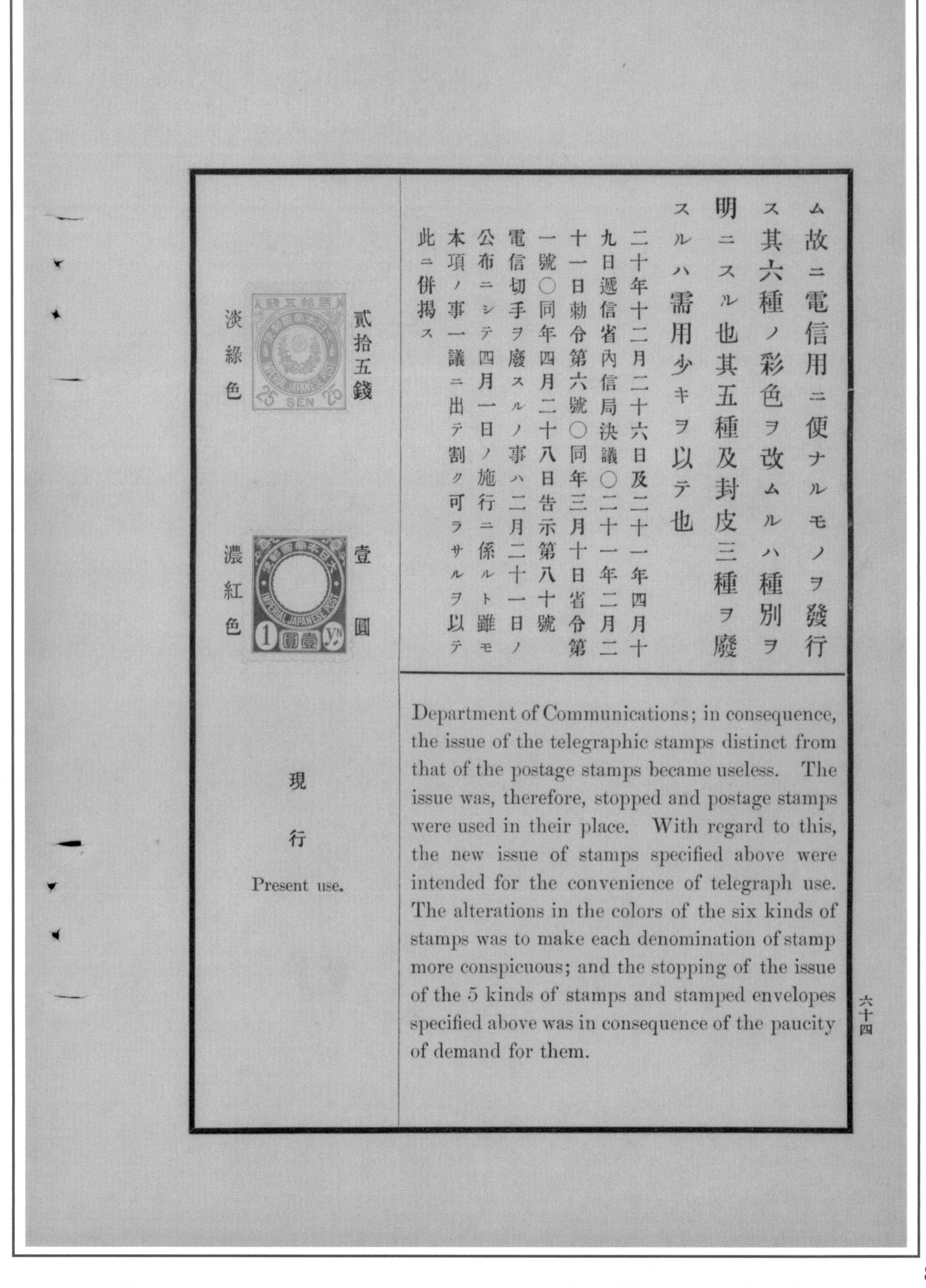

ム故ニ電信用ニ便ナルモノヲ發行ス其六種ノ彩色ヲ改ムルハ種別ヲ明ニスル也其五種及封皮三種ヲ廢スルハ需用少キヲ以テ也

二十年十二月二十六日及二十一年四月十九日遞信省内信局決議○二十一年二月二十一日勅令第六號○同年三月十日省令第一號○同年四月二十八日告示第八十號

電信切手ヲ廢スルノ事ハ二月二十一日ノ公布ニシテ四月一日ノ施行ニ係ルト雖モ本項ノ事一議ニ出テ割ク可ラサルヲ以テ此ニ併掲ス

貳拾五錢 淡綠色

壹圓 濃紅色

現行

Present use.

Department of Communications; in consequence, the issue of the telegraphic stamps distinct from that of the postage stamps became useless. The issue was, therefore, stopped and postage stamps were used in their place. With regard to this, the new issue of stamps specified above were intended for the convenience of telegraph use. The alterations in the colors of the six kinds of stamps was to make each denomination of stamp more conspicuous; and the stopping of the issue of the 5 kinds of stamps and stamped envelopes specified above was in consequence of the paucity of demand for them.

六十四

明治21年（1888）

3月10日　小判切手一部額面の改定・電信切手の発行

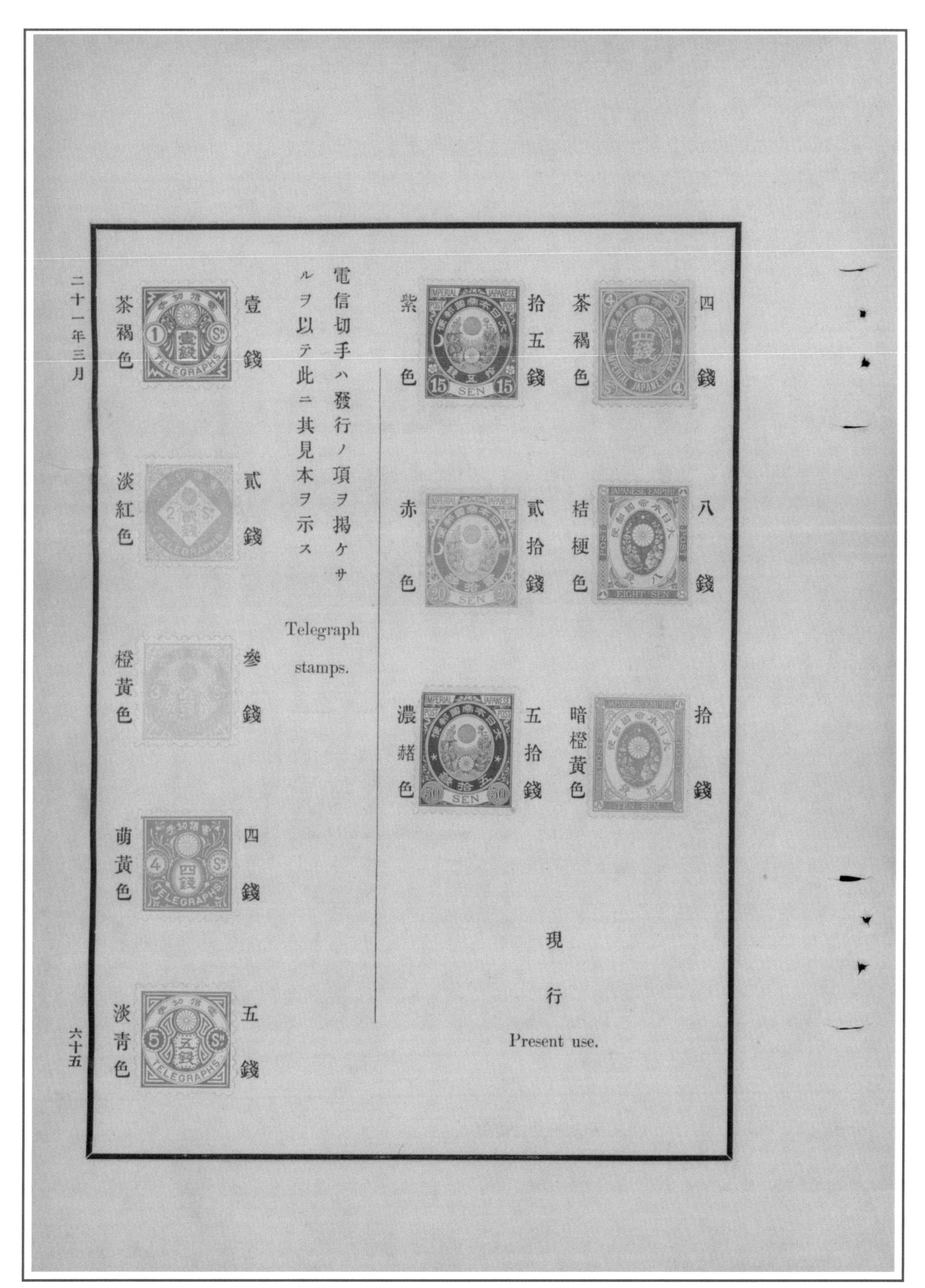

明治21年（1888）

3月10日 電信切手の発行
3月31日 封皮類の用紙改正

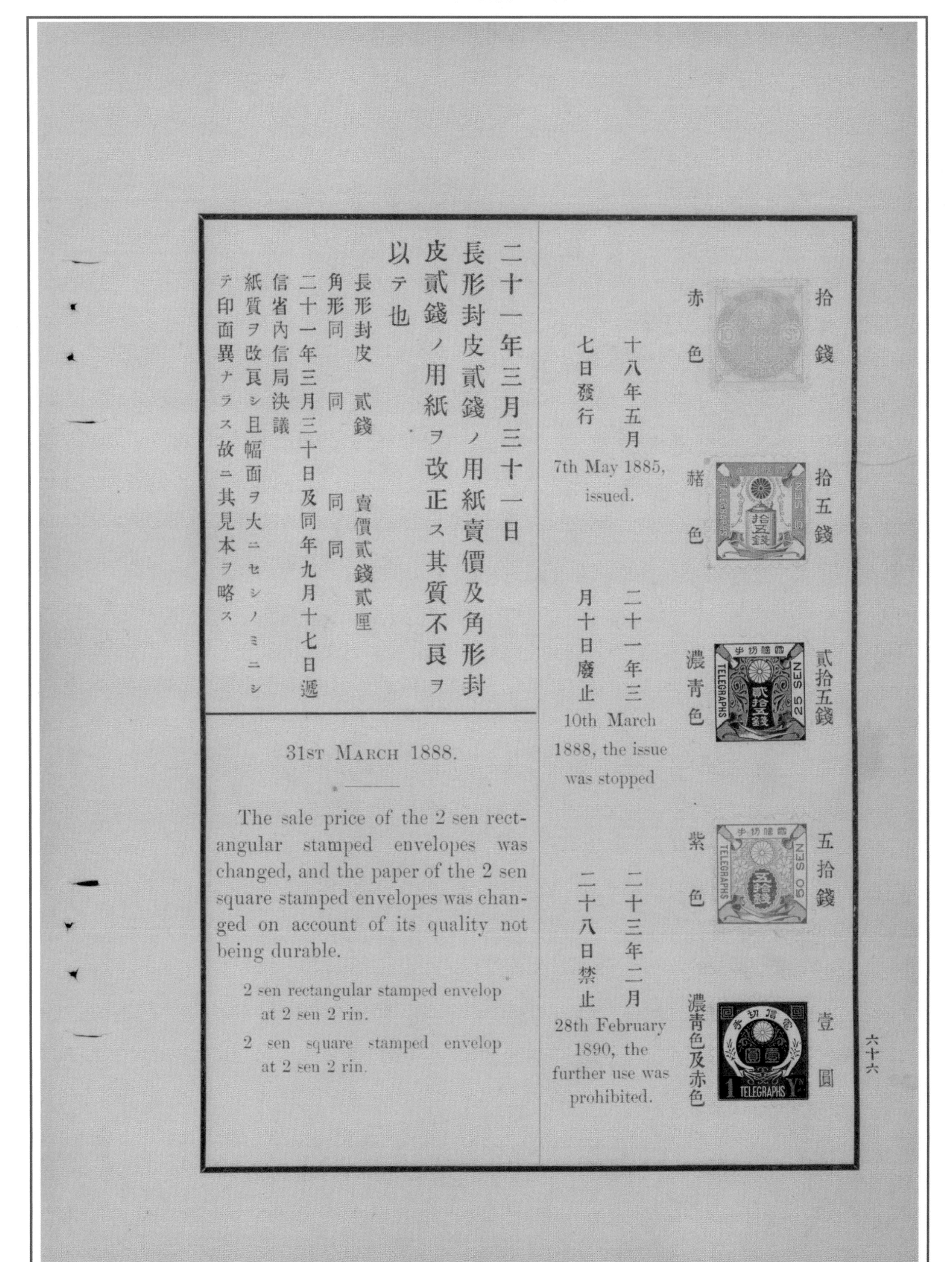

拾錢 赤色

拾五錢 赭色

十八年五月七日發行

7th May 1885, issued.

貳拾五錢 濃青色

二十一年三月十日廢止

10th March 1888, the issue was stopped

五拾錢 紫色

壹圓 濃青色及赤色

二十三年二月二十八日禁止

28th February 1890, the further use was prohibited.

二十一年三月三十一日

長形封皮貳錢ノ用紙賣價及角形封皮貳錢ノ用紙ヲ改正ス其質不良ヲ以テ也

長形封皮 貳錢 賣價貳錢貳厘

角形同 同 同 同

二十一年三月三十日及同年九月十七日遞信省内信局決議

紙質ヲ改良シ且幅面ヲ大ニセシノミニシテ印面異ナラス故ニ其見本ヲ略ス

31st March 1888.

The sale price of the 2 sen rectangular stamped envelopes was changed, and the paper of the 2 sen square stamped envelopes was changed on account of its quality not being durable.

2 sen rectangular stamped envelop at 2 sen 2 rin.

2 sen square stamped envelop at 2 sen 2 rin.

六十六

明治 22 年（1889）

9 月 5 日 帯紙 5 厘の廃止
11 月 30 日 葉書 5 厘他の廃止

二十二年九月五日

帶紙五厘發行セスシテ止ム初メ郵便條例税率ヲ改メ五厘帶紙賣下ノ項アリ而ルニ帶紙ハ從來需用少キヲ以テ發行ヲ猶豫ス是ニ至テ遂ニ之ヲ止ム

二十二年九月五日遞信省內信局決議

二十二年十一月三十日

葉書五厘及帶紙二厘五毛壹錢ヲ廢止シ且既ニ廢止ニ屬スル切手類ノ使用ヲ禁止ス郵便條例ニ從フ也

二十二年九月（日缺）及同年十月二十三日遞信省內信局決議○同年十月二十九日省令

第六號

二十一年三月　二十二年九月、十一月

5TH SEPTEMBER 1889.

The issue of the 5 rin wrappers was suspended. Before this day, the authorities hesitated about the issue, in consequence of the paucity of demand made for some time beforė, though the issue was prescribed by the Postal Regulations.

30TH NOVEMBER 1889.

The use of the 5 rin post-card, and 2 1/2 rin and 1 sen wrapper was prohibited, and at the same time, the use of stamps etc., the issue of which had already been suspend, was prohibited, according to the Postal Regulations.

六十七

明治23年（1890）

2月28日 電信切手の使用禁止
翌々5月6日３銭切手の発行

二十三年二月二十八日

廢止電信切手ノ使用ヲ禁止ス

二十二年十一月二十日及二十三年一月七日遞信省內信局決議○二十二年十二月九日省令第七號

28TH FEBRUARY 1890.

The further use of the telegraph stamps was prohibited.

二十五年五月六日

再ヒ切手三錢ヲ發行ス小爲替手數料第三種郵便物配達證明皆使用スヘキノ便ヲ以テ也

二十五年四月四日遞信省郵務局決議○同年五月六日省令第十一號

6TH MAY 1892.

A 3 sen stamp was again issued, as it is convenient for the payment of the fee for postal orders, third class mail matter, and for the acknowledgment of delivery.

三錢

鴇（トキ）色

現行

Present use.

六十八

明治 25 年（1892）

7 月 29 日 外信葉書の用紙改正
翌々 3 月 9 日 特別切手の発行

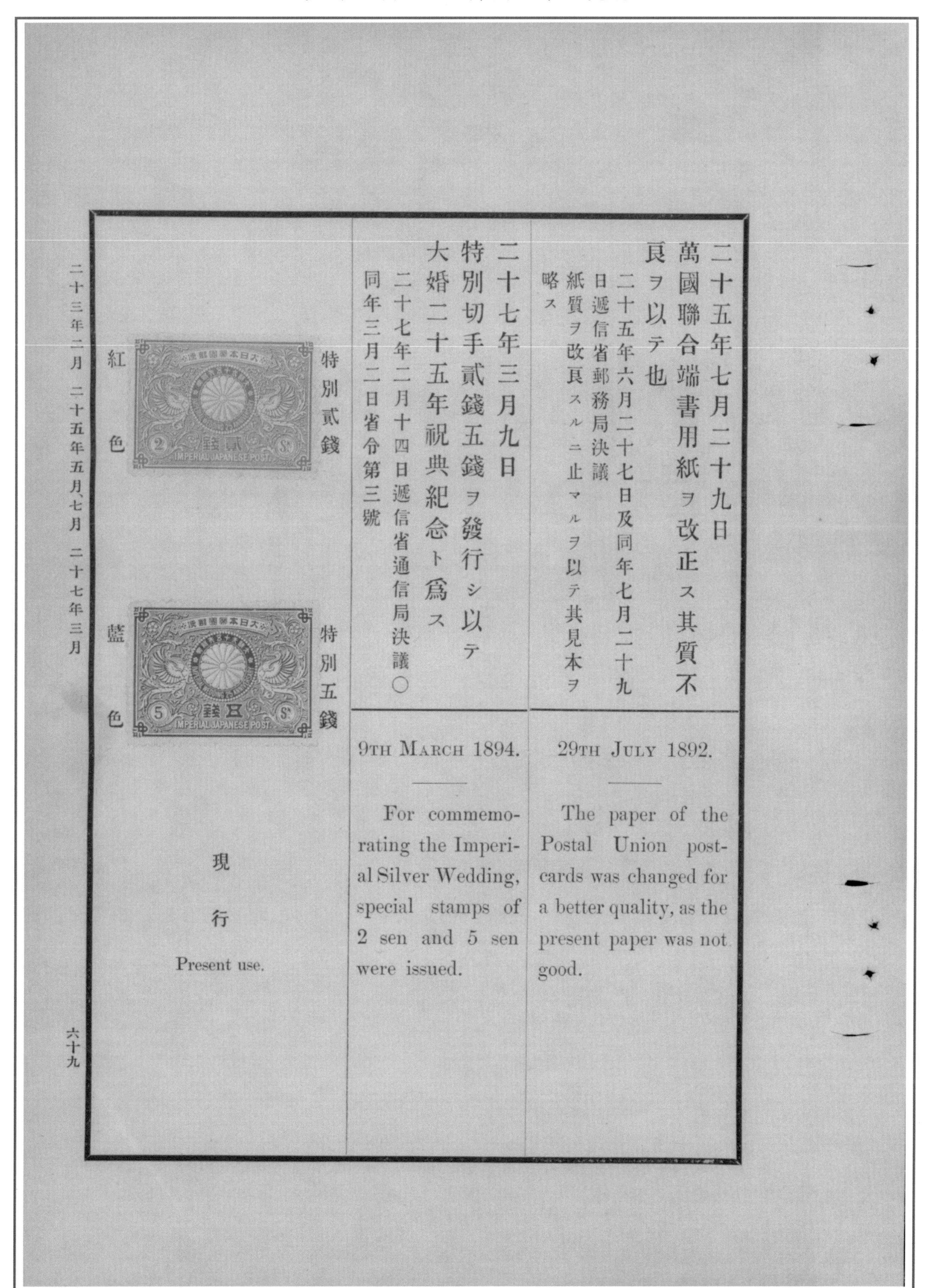

二十五年七月二十九日

萬國聯合端書用紙ヲ改正ス其質不良ヲ以テ也

二十五年六月二十七日及同年七月二十九日遞信省郵務局決議

紙質ヲ改良スルニ止マルヲ以テ其見本ヲ略ス

29TH JULY 1892.

The paper of the Postal Union post-cards was changed for a better quality, as the present paper was not good.

二十七年三月九日

特別切手貳錢五錢ヲ發行シ以テ大婚二十五年祝典紀念ト爲ス

二十七年二月十四日遞信省通信局決議○

同年三月二日省令第三號

9TH MARCH 1894.

For commemorating the Imperial Silver Wedding, special stamps of 2 sen and 5 sen were issued.

特別貳錢　紅色

特別五錢　藍色

現行

Present use.

二十三年二月　二十五年五月、七月　二十七年三月

六十九

間紙

間紙

明治７年(1874)

付録 飛信切手

附錄　飛信切手

明治七年二月二十二日

飛信遞送切手ヲ彫製シ陸軍省部內軍事祕密急報ノ遞送證ト爲ス是ヨリ先キ陸軍省事務條例無賃送達對簽送達ノ項アリ而シテ未タ之カ規程ヲ設ケス是ニ至テ其項ヲ删除シ飛信切手ヲ以テ無賃ノ法ニ充テ對簽ハ普通書留郵便ノ例ニ依ラシム尋テ三種ヲ增製シ諸官廳ノ非常急報ニ用ヒシム

七年二月十九日同年三月二十五日同年六月十八日內務省驛遞寮決議○同年九月四日達第百十五號

諸官廳ニ頒布スルハ九月四日ニ在リ然レトモ其原由スル所本項ニ關聯シ割ク可ラサルヲ以テ此ニ併記ス

APPENDIX.

22nd February 1874.

A stamped label for "urgent-messages," being manufactured was brought into use for a warranted sign of secret express messages of the Army and Navy Departments. Before this time the Military Department had embodied a free message system and a warranted seal system of messages in its administrative regulations. But the organization of their projects was not completed before this date.

In order to fulfil this purpose the organization was entrusted to the Postal Bureau. The stamped label system of messages was, therefore, adapted in the place of the free message system, and an ordinary registered letter system in the place of the warranted seal system of messages. Besides this issue, three different kinds of additional labels were manufactured for the use of urgent messages in the several government offices.

明治7年(1874)

2月22日 陸軍省用飛信切手の発行

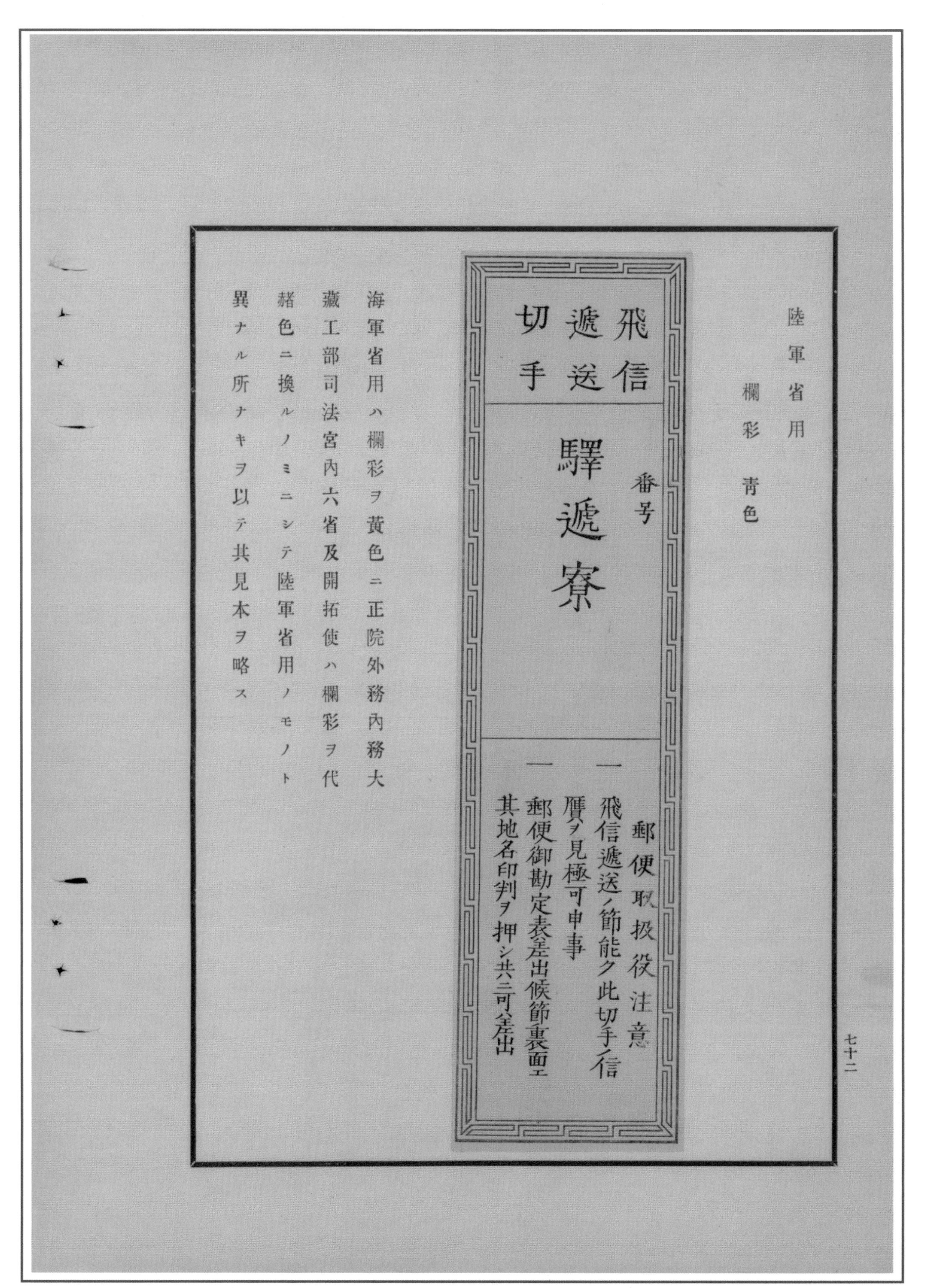
陸軍省用

欄彩 青色

海軍省用ハ欄彩ヲ黄色ニ正院外務内務大藏工部司法宮内六省及開拓使ハ欄彩ヲ代赭色ニ換ルノミニシテ陸軍省用ノモノト異ナル所ナキヲ以テ其見本ヲ略ス

七十二

明治７年（1874）

２月 22 日 各府県用飛信切手の発行

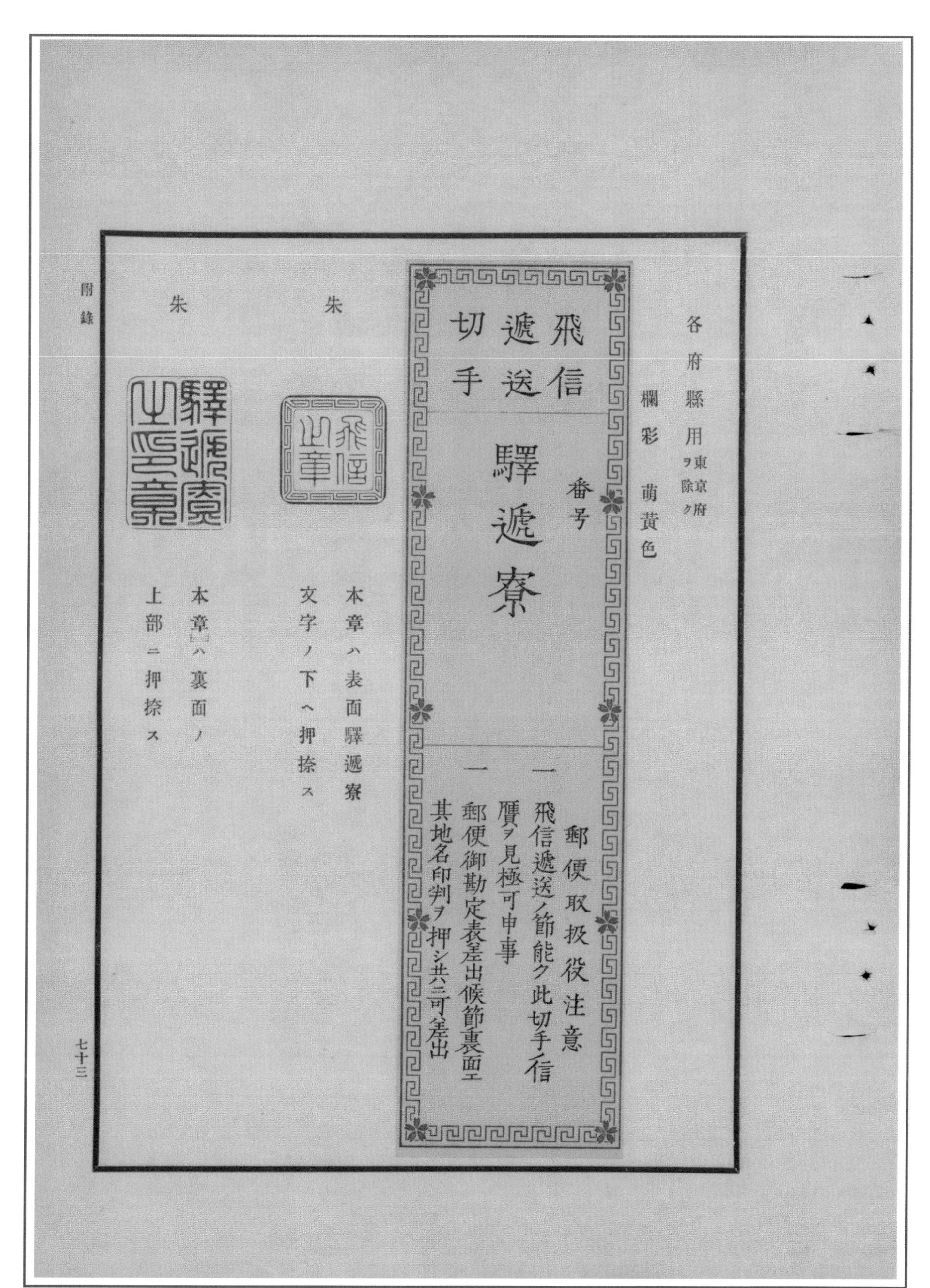

各府縣用東京府ヲ除ク

欄彩 萌黄色

飛信遞送切手

番号

驛遞寮

郵便取扱役注意

一 飛信遞送ノ節能ク此切手信贋ヲ見極可申事

一 郵便御勘定表差出候節裏面ニ其地名印判ヲ押シ共ニ可差出

朱

本章ハ表面驛遞寮文字ノ下ヘ押捺ス

朱

本章ハ裏面ノ上部ニ押捺ス

附錄

七十三

明治7年（1874）

10月20日 飛信切手の製造を紙幣寮に変更する

朱

本章ハ表面ノ左方

ヘ支出簿ト割捺ス

七年十月二十日

初メ飛信切手製造ヲ商賈ニ命ス諸官廳ニ頒布スルニ至テ製造數ヲ増ス是ニ至テ紙幣寮ニ托ス

七年二月二十五日同年十月七日同月二十三日内務省驛遞寮決議

20th October 1874.

At the outset the manufacture of the stamped labels had been entrusted to a private firm. After the labels came to be used throughout the government offices, the number of labels required increased so much that the manufacture was handed over to the Government Printing Office.

七十四

諸事目録

諸表目錄

間紙

間紙

郵便切手類製造高及製造費統計表

明治４年３月 -27 年３月

自明治四年三月至同二十七年三月 郵便切手類製造高及製造費統計表

年次	製造高 切手	製造高 葉書	製造高 封皮	製造高 帯紙	製造高 電信切手	製造高 計	製造費 切手	製造費 葉書	製造費 封皮	製造費 帯紙	製造費 電信切手	製造費 計
明治四年 自三月至十二月	三、四四〇、〇〇〇	—	—	—	—	三、四四〇、〇〇〇	?	—	—	—	—	?
五年 自一月至十二月	九、四五〇、〇〇〇	—	—	一八二、九〇五	—	九、六三二、九〇五	三、六六二、九〇五	—	—	?	—	三、六六二、九〇五
六年 自一月至十二月	二、五三〇、〇〇〇	三一、六〇〇	一八四、八〇三	七一、六〇〇	—	二、八〇八、〇〇三	?	?	?	?	—	?
七年 自一月至十二月	二〇、一四三、一〇二	—	五六、八四二	八八、一六〇	—	二〇、二八七、一〇四	五、九三四、九〇七	—	六九、七七四	?	—	六、〇〇四、六八一
八年 自一月至六月	一七、七六八、〇五一	六三五、七一一	—	一六七、二四〇	—	一八、五七一、〇〇二	四、一五三、八八七	一、七三三、四七八	—	?	—	五、八八六、三六五
八年度 自八年七月至九年六月	二九、四七三、〇四〇	五、四二六、五〇二	—	一六七、二四〇	—	三五、〇六五、七八二	四、二二八、一三一	一一、六三三、三三三	—	?	—	一五、八四〇、四六四
九年度 自九年七月至十年六月	二九、七五五、四〇〇	一〇、三〇六、七五六	一三〇、〇〇〇	二九七、五〇〇	—	四〇、四八二、六五六	五、一二八、六四一	二二、九三七、五五八	六三六、九〇〇	?	—	二八、七〇三、〇九九
十年度 自十年七月至十一年六月	三七、〇三三、九六〇	一一、六三六、四一五	四〇、一八六	四〇一、七五〇	—	四九、一一二、三一一	六、三八一、四五〇	二六、〇六六、四三三	三三三、八三六	?	—	三二、六七一、七一九
十一年度 自十一年七月至十二年六月	四二、六四六、一六〇	一九、一七九、三五〇	一五〇、〇〇〇	六八二、七〇〇	—	六二、六五八、二一〇	七、三五〇、四九二	四二、七八六、九〇二	八三五、五〇〇	?	—	五〇、九七二、八九四
十二年度 自十二年七月至十三年六月	五、九五九、四〇〇	二三、二七一、四〇〇	一五〇、〇〇〇	五〇〇、〇〇〇	—	二九、八八〇、八〇〇	一〇、二七一、六三三	五一、八二二、五〇九	八三五、五〇〇	一八五、〇〇〇	—	六三、一一三、六三一
十三年度 自十三年七月至十四年六月	七〇、九一九、〇四〇	三四、八九九、三〇〇	二一八、一九〇	三、二五〇、〇〇〇	—	一〇九、二八六、五三〇	一一、三四七、〇四六	六四、八三三、〇二三	一、一七六、四五〇	一、二〇三、五〇〇	—	七八、五五九、〇一九
十四年度 自十四年七月至十五年六月	七五、一五六、九六〇	三六、六〇七、六〇〇	二九〇、七六〇	—	—	一一二、〇五五、三二〇	九、三一三、五三〇	五八、九六八、〇六〇	一、四五三、八〇〇	—	—	六九、七三五、三九〇
十五年度 自十五年七月至十六年六月	九三、三三八、〇〇〇	二八、一八一、六〇〇	三五九、二五三	五四七、四〇一	—	一二二、四二六、二五四	一一、二〇〇、五六〇	四三、四一七、七七〇	一、七九二、一七三	二〇二、五三八	—	五六、六一三、〇四一

附錄

七十七

郵便切手類製造高及製造費統計表

明治４年３月 -27 年３月

年次	製造高						製造費					
	切手	葉書	封皮	帯紙	電信切手	計	切手	葉書	封皮	帯紙	電信切手	計
十六年度 自十六年七月 至十七年六月	六四、四一四、七四七	三〇、八三〇、六一六	四〇六、一三八	五〇、〇〇〇	—	九五、七〇一、五〇一	七、三四三、二八一	四三、九三三、六二八	二、〇三〇、一六四	三〇、〇〇〇	—	五三、三三七、〇七三
十七年度 自十七年七月 至十八年六月	六八、六七三、六八五	五五、四五八、六八五	二六五、〇〇〇	一五〇、〇〇〇	一〇、〇五〇、〇〇〇	一三四、五九七、三七〇	七、八二八、八〇〇	八一、五〇三、一六〇	一、三三四、一〇〇	九〇、〇〇〇	一、二〇六、〇〇〇	九一、九五三、〇六〇
十八年度 自十八年七月 至十九年三月	四五、四〇二、〇〇〇	一九、三三五、〇〇〇	—	八六、〇〇〇	三、二五〇、〇〇〇	六七、九六三、〇〇〇	五、一七五、八二八	二八、五六〇、二五〇	—	五一、六〇〇	三九〇、〇〇〇	三四、一七七、六七八
十九年度 自十九年四月 至二十年三月	九八、三四四、〇〇〇	六二、〇〇〇、〇〇〇	—	一二〇、〇〇〇	四、五〇〇、〇〇〇	一六四、九六四、〇〇〇	一〇、八四九、一四四	七六、四七五、八四〇	—	七二、〇〇〇	五四〇、〇〇〇	八七、九三六、九八四
二十年度 自二十年四月 至二十一年三月	八〇、〇九八、〇〇〇	六二、六二〇、〇〇〇	一三二、三〇〇	三〇、〇〇〇	五、九〇〇、〇〇〇	一四八、七八〇、三〇〇	八、八一〇、七八〇	六二、六二〇、〇〇〇	二九四、〇〇〇	一八、〇〇〇	七〇八、〇〇〇	七二、四五〇、七八〇
二十一年度 自二十一年四月 至二十二年三月	九四、〇六三、〇〇〇	五〇、〇三〇、〇〇〇	二〇〇、〇〇〇	—	—	一四四、二九三、〇〇〇	一〇、三四六、九三〇	五〇、〇五六、〇〇〇	四〇〇、〇〇〇	—	—	六〇、八〇二、九三〇
二十二年度 自二十二年四月 至二十三年三月	八八、七八〇、〇〇〇	九〇、八九〇、〇〇〇	四〇、〇〇〇	—	—	一七九、七一〇、〇〇〇	九、七六五、八〇〇	九〇、八九〇、〇〇〇	八〇、〇〇〇	—	—	一〇〇、七三五、八〇〇
二十三年度 自二十三年四月 至二十四年三月	一四一、〇三八、〇〇〇	九五、三四六、〇〇〇	二〇一、〇〇〇	—	—	二三六、五八五、〇〇〇	一五、五一四、一八〇	八七、四七七、四〇〇	四〇二、〇〇〇	—	—	一〇三、三九三、五八〇
二十四年度 自二十四年四月 至二十五年三月	一八九、八〇〇、〇〇〇	一二〇、〇六〇、〇〇〇	—	—	—	三〇九、八六〇、〇〇〇	二〇、八七八、〇〇〇	一一一、〇四八、〇〇〇	—	—	—	一三一、九二六、〇〇〇
二十五年度 自二十五年四月 至二十六年三月	九六、四六五、〇〇〇	一三五、七一〇、〇〇〇	七〇、〇〇〇	—	—	二三二、二四五、〇〇〇	一〇、六一一、一五〇	一〇七、七九一、〇〇〇	一四〇、〇〇〇	—	—	一一八、五四二、一五〇
二十六年度 自二十六年四月 至二十七年三月	一九六、三一〇、〇〇〇	一四二、六八六、五三五	一〇〇、〇〇〇	—	—	三三九、〇九六、五三五	一一、八九五、三〇〇	一三三、五一四、一九二	二〇〇、〇〇〇	—	—	一四五、六〇九、四九二
合計	一、六〇〇、九七九、五四五	一、〇三五、〇三六、〇六〇	二、九八四、四七二	六、七九二、四九六	二三、七〇〇、〇〇〇	二、六五九、四九二、五七三	二〇七、九八一、三六四	一、一八八、〇五六、五三六	二、八九四、一九七	一、八五一、六三八	二、八四四、〇〇〇	一、四二二、六二七、七三五

備考　製造費欄内不詳ノモノアリト雖トモ假ニ合計ヲ記入ス

七十八

郵便切手類製造費一万枚に對する価格表

明治４年３月 -27 年３月

自明治四年三月至同二十七年三月郵便切手類製造費壹萬枚ニ對スル價格表

年次	切手	葉書 五厘	葉書 壹錢	葉書 萬國聯合貳錢	葉書 萬國聯合參錢	葉書 五錢	葉書 萬國聯合六錢	葉書 往復貳錢	葉書 萬國聯合往復四錢	葉書 萬國聯合往復六錢	角形封皮 壹錢	角形封皮 貳錢	角形封皮 四錢	長形封皮 貳錢	長形封皮 四錢	長形封皮 六錢	紙帶	電信切手
明治四年 自三月至十二月	?	—	—	—	—	—	—	—	—	—	—	—	—	—	—	—	—	—
五年 自一月至十二月	三、八七六 一	—	—	—	—	—	—	—	—	—	—	—	—	—	—	—	?	—
六年 自一月至十二月	?	?	?	—	—	—	—	—	—	—	?	?	?	?	?	?	?	—
七年 自一月至十二月	二、九四六 五	?	?	—	—	—	—	—	—	—	三二、二七五 一	三二、二七五 一	三二、二七五 一	三二、二七五 一	三二、二七五 一	三二、二七五 一	?	—
八年 自一月至六月	二、三三七 二	二七、二六八 三	二七、二六八 三	—	—	—	—	—	—	—	三二、二七五 一	三二、二七五 一	三二、二七五 一	三二、二七五 一	三二、二七五 一	三二、二七五 一	?	—
八年度 自八年七月至九年六月	一、四三一 二	二一、四一七 七	二一、四一七 七	—	—	—	—	—	—	—	三二、二七五 一	三二、二七五 一	三二、二七五 一	三二、二七五 一	三二、二七五 一	三二、二七五 一	?	—
九年度 自九年七月至十年六月	一、七三三 六	三二、二四八 四	三二、二四八 四	—	—	—	—	—	—	—	四九、四〇〇	四九、四〇〇	四九、四〇〇	五五、七〇〇	五五、七〇〇	五五、七〇〇	?	—
十年度 自十年七月至十一年六月	一、七三三 六	三二、二四八 四	三二、二四八 四	—	四五、四三一 八	四五、四三一 八	四五、四三一 八	—	—	—	四九、四〇〇	四九、四〇〇	四九、四〇〇	五五、七〇〇	五五、七〇〇	五五、七〇〇	?	—
十一年度 自十一年七月至十二年六月	一、七三三 六	三二、二四八 四	三二、二四八 四	—	四五、四三一 八	四五、四三一 八	四五、四三一 八	—	—	—	四九、四〇〇	四九、四〇〇	四九、四〇〇	五五、七〇〇	五五、七〇〇	五五、七〇〇	?	—
十二年度 自十二年七月至十三年六月	一、七三三 六	三二、二四八 四	三二、二四八 四	四五、四三一 八	四五、四三一 八	四五、四三一 八	四五、四三一 八	—	—	—	四九、四〇〇	四九、四〇〇	四九、四〇〇	五五、七〇〇	五五、七〇〇	五五、七〇〇	三、七〇〇	—
十三年度 自十三年七月至十四年六月	一、六〇〇	一八、五〇〇	一八、五〇〇	四五、四三一 八	四五、四三一 八	—	—	—	—	—	四九、四〇〇	四九、四〇〇	四九、四〇〇	五五、七〇〇 五〇、〇〇〇	五五、七〇〇 五〇、〇〇〇	五五、七〇〇 五〇、〇〇〇	三、七〇〇	—
十四年度 自十四年七月至十五年六月	一、六〇〇	一八、五〇〇	一八、五〇〇	四五、四三一 八	四五、四三一 八	—	—	—	—	—	四九、四〇〇	四九、四〇〇	四九、四〇〇	五〇、〇〇〇	五〇、〇〇〇	五〇、〇〇〇	三、七〇〇	—
十五年度 自十五年七月至十六年六月	一、三〇〇	一六、〇〇〇 一五、五〇〇 一五、〇〇〇	一六、〇〇〇 一五、五〇〇 一五、〇〇〇	四五、四三一 八	四五、四三一 八	—	—	—	—	—	四九、四〇〇	四九、四〇〇	四九、四〇〇	五〇、〇〇〇	五〇、〇〇〇	五〇、〇〇〇	三、七〇〇	—

附錄

七十九

郵便切手類製造費一万枚に對する価格表

明治４年３月-27年３月

年次	切手	葉書 五厘	葉書 壹錢	葉書 萬國聯合貳錢	葉書 萬國聯合參錢	葉書 五錢	葉書 萬國聯合六錢	葉書 往復貳錢	葉書 萬國聯合往復四錢	葉書 萬國聯合往復六錢	角形封皮 壹錢	角形封皮 貳錢	角形封皮 四錢	長形封皮 貳錢	長形封皮 四錢	長形封皮 六錢	帶紙	電信切手
十六年度 自十六年七月 至十七年六月	一,二四〇	一四,二五〇	一四,二五〇	一四,二五〇	一四,二五〇	—	—	—	—	—	四九,四〇〇	四九,四〇〇	四九,四〇〇	五〇,〇〇〇	五〇,〇〇〇	五〇,〇〇〇	六,〇〇〇	—
十七年度 自十七年七月 至十八年六月	一,二四〇	一四,二五〇 一四,三〇〇	一四,二五〇 一四,三〇〇	一四,二五〇	一四,二五〇	—	—	二八,五〇〇 二八,六〇〇	四〇,〇〇〇 四〇,一〇〇	四〇,〇〇〇 四〇,一〇〇	四九,四〇〇	四九,四〇〇	四九,四〇〇	五〇,〇〇〇	五〇,〇〇〇	五〇,〇〇〇	六,〇〇〇	一,二〇〇
十八年度 自十八年七月 至十九年三月	一,二四〇	一三,九〇〇	一三,九〇〇	一四,二五〇	一四,二五〇	—	—	二八,六〇〇	四〇,一〇〇	四〇,一〇〇	四九,四〇〇	四九,四〇〇	四九,四〇〇	五〇,〇〇〇	五〇,〇〇〇	五〇,〇〇〇	六,〇〇〇	一,二〇〇
十九年度 自十九年四月 至二十年三月	一,二四〇 一,二〇〇	一三,九〇〇 一〇,〇〇〇	一三,九〇〇 一〇,〇〇〇	一八,〇〇〇	一八,〇〇〇	—	—	二八,六〇〇	四〇,一〇〇	四〇,一〇〇	四九,四〇〇	四九,四〇〇	四九,四〇〇	五〇,〇〇〇	五〇,〇〇〇	五〇,〇〇〇	六,〇〇〇	一,二〇〇
二十年度 自二十年四月 至二十一年三月	一,二〇〇	一〇,〇〇〇	一〇,〇〇〇	一八,〇〇〇	一八,〇〇〇	—	—	二八,六〇〇	四〇,一〇〇	四〇,一〇〇	四九,四〇〇 二〇,〇〇〇	四九,四〇〇 二〇,〇〇〇	四九,四〇〇 二〇,〇〇〇	五〇,〇〇〇 二〇,〇〇〇	五〇,〇〇〇 二〇,〇〇〇	五〇,〇〇〇 二〇,〇〇〇	六,〇〇〇	一,二〇〇
二十一年度 自二十一年四月 至二十二年三月	一,二〇〇	一〇,〇〇〇	一〇,〇〇〇	一八,〇〇〇	一八,〇〇〇	—	—	二八,六〇〇	四〇,一〇〇	四〇,一〇〇	—	二〇,〇〇〇	—	二〇,〇〇〇	—	—	六,〇〇〇	—
二十二年度 自二十二年四月 至二十三年三月	一,二〇〇	一〇,〇〇〇	一〇,〇〇〇	一八,〇〇〇	一八,〇〇〇	—	—	二八,六〇〇	四〇,一〇〇	四〇,一〇〇	—	二〇,〇〇〇	—	二〇,〇〇〇	—	—	六,〇〇〇	—
二十三年度 自二十三年四月 至二十四年三月	一,二〇〇	九,〇〇〇	九,〇〇〇	一八,〇〇〇	一八,〇〇〇	—	—	二八,六〇〇	四〇,一〇〇	四〇,一〇〇	—	二〇,〇〇〇	—	二〇,〇〇〇	—	—	—	—
二十四年度 自二十四年四月 至二十五年三月	一,二〇〇	九,〇〇〇	九,〇〇〇	一八,〇〇〇	一八,〇〇〇	—	—	二八,六〇〇	四〇,一〇〇	四〇,一〇〇	—	二〇,〇〇〇	—	二〇,〇〇〇	—	—	—	—
二十五年度 自二十五年四月 至二十六年三月	一,二〇〇	八,四〇〇	八,四〇〇	一八,〇〇〇 四〇,〇〇〇	一八,〇〇〇 四〇,〇〇〇	—	—	三二,五〇〇	四〇,一〇〇 八〇,〇〇〇	四〇,一〇〇 八〇,〇〇〇	—	二〇,〇〇〇	—	二〇,〇〇〇	—	—	—	—
二十六年度 自二十六年四月 至二十七年三月	一,二〇〇 特別切手 一,三〇〇	—	八,四〇〇	四〇,〇〇〇	四〇,〇〇〇	—	—	三二,五〇〇	八〇,〇〇〇	八〇,〇〇〇	—	二〇,〇〇〇	—	二〇,〇〇〇	—	—	—	—

備考　二十年度以前ノ價格ハ舊紙幣寮驛遞寮驛遞局及印刷局等ノ諸書ニ就キ之ヲ調査スルモ間々確實ノ材料ヲ得難キモノアリ是等ハ前後兩年度ノ割合ニ應シテ平均數ヲ掲ケ若クハ之ヲ缺キタルモノアリ

八十

郵便切手類製造費一万枚に對する価格表

自明治四年三月 至同二十七年三月 郵便切手賣下枚數及收入金額統計表

年次		五厘	壹錢	貳錢	參錢	四錢	五錢	六錢	八錢	拾錢	拾貳錢	拾五錢	貳拾錢	貳拾五錢	參拾錢	四拾五錢	五拾錢	壹圓	計
明治四年 自三月 至十二月	枚數	[illegible]	[illegible]	[illegible]	[illegible]	[illegible]	[illegible]	[illegible]	[illegible]	[illegible]	[illegible]	[illegible]	[illegible]	[illegible]	[illegible]	[illegible]	[illegible]	[illegible]	[illegible]
	金額	[illegible]	[illegible]	[illegible]	[illegible]	[illegible]	[illegible]	[illegible]	[illegible]	[illegible]	[illegible]	[illegible]	[illegible]	[illegible]	[illegible]	[illegible]	[illegible]	[illegible]	[illegible]
五年 自一月 至十二月	枚數	[illegible]	[illegible]	[illegible]	[illegible]	[illegible]	[illegible]	[illegible]	[illegible]	[illegible]	[illegible]	[illegible]	[illegible]	[illegible]	[illegible]	[illegible]	[illegible]	[illegible]	[illegible]
	金額	[illegible]	[illegible]	[illegible]	[illegible]	[illegible]	[illegible]	[illegible]	[illegible]	[illegible]	[illegible]	[illegible]	[illegible]	[illegible]	[illegible]	[illegible]	[illegible]	[illegible]	[illegible]
六年 自一月 至十二月	枚數	[illegible]	[illegible]	[illegible]	[illegible]	[illegible]	[illegible]	[illegible]	[illegible]	[illegible]	[illegible]	[illegible]	[illegible]	[illegible]	[illegible]	[illegible]	[illegible]	[illegible]	[illegible]
	金額	[illegible]	[illegible]	[illegible]	[illegible]	[illegible]	[illegible]	[illegible]	[illegible]	[illegible]	[illegible]	[illegible]	[illegible]	[illegible]	[illegible]	[illegible]	[illegible]	[illegible]	[illegible]
七年 自一月 至十二月	枚數	[illegible]	[illegible]	[illegible]	[illegible]	[illegible]	[illegible]	[illegible]	[illegible]	[illegible]	[illegible]	[illegible]	[illegible]	[illegible]	[illegible]	[illegible]	[illegible]	[illegible]	[illegible]
	金額	[illegible]	[illegible]	[illegible]	[illegible]	[illegible]	[illegible]	[illegible]	[illegible]	[illegible]	[illegible]	[illegible]	[illegible]	[illegible]	[illegible]	[illegible]	[illegible]	[illegible]	[illegible]
八年 自一月 至九年六月	枚數	[illegible]	[illegible]	[illegible]	[illegible]	[illegible]	[illegible]	[illegible]	[illegible]	[illegible]	[illegible]	[illegible]	[illegible]	[illegible]	[illegible]	[illegible]	[illegible]	[illegible]	[illegible]
	金額	[illegible]	[illegible]	[illegible]	[illegible]	[illegible]	[illegible]	[illegible]	[illegible]	[illegible]	[illegible]	[illegible]	[illegible]	[illegible]	[illegible]	[illegible]	[illegible]	[illegible]	[illegible]
九年度 自九年七月 至十年六月	枚數	[illegible]	[illegible]	[illegible]	[illegible]	[illegible]	[illegible]	[illegible]	[illegible]	[illegible]	[illegible]	[illegible]	[illegible]	[illegible]	[illegible]	[illegible]	[illegible]	[illegible]	[illegible]
	金額	[illegible]	[illegible]	[illegible]	[illegible]	[illegible]	[illegible]	[illegible]	[illegible]	[illegible]	[illegible]	[illegible]	[illegible]	[illegible]	[illegible]	[illegible]	[illegible]	[illegible]	[illegible]
十年度 自十年七月 至十一年六月	枚數	[illegible]	[illegible]	[illegible]	[illegible]	[illegible]	[illegible]	[illegible]	[illegible]	[illegible]	[illegible]	[illegible]	[illegible]	[illegible]	[illegible]	[illegible]	[illegible]	[illegible]	[illegible]
	金額	[illegible]	[illegible]	[illegible]	[illegible]	[illegible]	[illegible]	[illegible]	[illegible]	[illegible]	[illegible]	[illegible]	[illegible]	[illegible]	[illegible]	[illegible]	[illegible]	[illegible]	[illegible]
十一年度 自十一年七月 至十二年六月	枚數	[illegible]	[illegible]	[illegible]	[illegible]	[illegible]	[illegible]	[illegible]	[illegible]	[illegible]	[illegible]	[illegible]	[illegible]	[illegible]	[illegible]	[illegible]	[illegible]	[illegible]	[illegible]
	金額	[illegible]	[illegible]	[illegible]	[illegible]	[illegible]	[illegible]	[illegible]	[illegible]	[illegible]	[illegible]	[illegible]	[illegible]	[illegible]	[illegible]	[illegible]	[illegible]	[illegible]	[illegible]
十二年度 自十二年七月 至十三年六月	枚數	[illegible]	[illegible]	[illegible]	[illegible]	[illegible]	[illegible]	[illegible]	[illegible]	[illegible]	[illegible]	[illegible]	[illegible]	[illegible]	[illegible]	[illegible]	[illegible]	[illegible]	[illegible]
	金額	[illegible]	[illegible]	[illegible]	[illegible]	[illegible]	[illegible]	[illegible]	[illegible]	[illegible]	[illegible]	[illegible]	[illegible]	[illegible]	[illegible]	[illegible]	[illegible]	[illegible]	[illegible]
十三年度 自十三年七月 至十四年六月	枚數	[illegible]	[illegible]	[illegible]	[illegible]	[illegible]	[illegible]	[illegible]	[illegible]	[illegible]	[illegible]	[illegible]	[illegible]	[illegible]	[illegible]	[illegible]	[illegible]	[illegible]	[illegible]
	金額	[illegible]	[illegible]	[illegible]	[illegible]	[illegible]	[illegible]	[illegible]	[illegible]	[illegible]	[illegible]	[illegible]	[illegible]	[illegible]	[illegible]	[illegible]	[illegible]	[illegible]	[illegible]
十四年度 自十四年七月 至十五年六月	枚數	[illegible]	[illegible]	[illegible]	[illegible]	[illegible]	[illegible]	[illegible]	[illegible]	[illegible]	[illegible]	[illegible]	[illegible]	[illegible]	[illegible]	[illegible]	[illegible]	[illegible]	[illegible]
	金額	[illegible]	[illegible]	[illegible]	[illegible]	[illegible]	[illegible]	[illegible]	[illegible]	[illegible]	[illegible]	[illegible]	[illegible]	[illegible]	[illegible]	[illegible]	[illegible]	[illegible]	[illegible]
十五年度 自十五年七月 至十六年六月	枚數	[illegible]	[illegible]	[illegible]	[illegible]	[illegible]	[illegible]	[illegible]	[illegible]	[illegible]	[illegible]	[illegible]	[illegible]	[illegible]	[illegible]	[illegible]	[illegible]	[illegible]	[illegible]
	金額	[illegible]	[illegible]	[illegible]	[illegible]	[illegible]	[illegible]	[illegible]	[illegible]	[illegible]	[illegible]	[illegible]	[illegible]	[illegible]	[illegible]	[illegible]	[illegible]	[illegible]	[illegible]
十六年度 自十六年七月 至十七年六月	枚數	[illegible]	[illegible]	[illegible]	[illegible]	[illegible]	[illegible]	[illegible]	[illegible]	[illegible]	[illegible]	[illegible]	[illegible]	[illegible]	[illegible]	[illegible]	[illegible]	[illegible]	[illegible]
	金額	[illegible]	[illegible]	[illegible]	[illegible]	[illegible]	[illegible]	[illegible]	[illegible]	[illegible]	[illegible]	[illegible]	[illegible]	[illegible]	[illegible]	[illegible]	[illegible]	[illegible]	[illegible]
十七年度 自十七年七月 至十八年六月	枚數	[illegible]	[illegible]	[illegible]	[illegible]	[illegible]	[illegible]	[illegible]	[illegible]	[illegible]	[illegible]	[illegible]	[illegible]	[illegible]	[illegible]	[illegible]	[illegible]	[illegible]	[illegible]
	金額	[illegible]	[illegible]	[illegible]	[illegible]	[illegible]	[illegible]	[illegible]	[illegible]	[illegible]	[illegible]	[illegible]	[illegible]	[illegible]	[illegible]	[illegible]	[illegible]	[illegible]	[illegible]
十八年度 自十八年七月 至十九年三月	枚數	[illegible]	[illegible]	[illegible]	[illegible]	[illegible]	[illegible]	[illegible]	[illegible]	[illegible]	[illegible]	[illegible]	[illegible]	[illegible]	[illegible]	[illegible]	[illegible]	[illegible]	[illegible]
	金額	[illegible]	[illegible]	[illegible]	[illegible]	[illegible]	[illegible]	[illegible]	[illegible]	[illegible]	[illegible]	[illegible]	[illegible]	[illegible]	[illegible]	[illegible]	[illegible]	[illegible]	[illegible]
十九年度 自十九年四月 至二十年三月	枚數	[illegible]	[illegible]	[illegible]	[illegible]	[illegible]	[illegible]	[illegible]	[illegible]	[illegible]	[illegible]	[illegible]	[illegible]	[illegible]	[illegible]	[illegible]	[illegible]	[illegible]	[illegible]
	金額	[illegible]	[illegible]	[illegible]	[illegible]	[illegible]	[illegible]	[illegible]	[illegible]	[illegible]	[illegible]	[illegible]	[illegible]	[illegible]	[illegible]	[illegible]	[illegible]	[illegible]	[illegible]
二十年度 自二十年四月 至二十一年三月	枚數	[illegible]	[illegible]	[illegible]	[illegible]	[illegible]	[illegible]	[illegible]	[illegible]	[illegible]	[illegible]	[illegible]	[illegible]	[illegible]	[illegible]	[illegible]	[illegible]	[illegible]	[illegible]
	金額	[illegible]	[illegible]	[illegible]	[illegible]	[illegible]	[illegible]	[illegible]	[illegible]	[illegible]	[illegible]	[illegible]	[illegible]	[illegible]	[illegible]	[illegible]	[illegible]	[illegible]	[illegible]
二十一年度 自二十一年四月 至二十二年三月	枚數	[illegible]	[illegible]	[illegible]	[illegible]	[illegible]	[illegible]	[illegible]	[illegible]	[illegible]	[illegible]	[illegible]	[illegible]	[illegible]	[illegible]	[illegible]	[illegible]	[illegible]	[illegible]
	金額	[illegible]	[illegible]	[illegible]	[illegible]	[illegible]	[illegible]	[illegible]	[illegible]	[illegible]	[illegible]	[illegible]	[illegible]	[illegible]	[illegible]	[illegible]	[illegible]	[illegible]	[illegible]
二十二年度 自二十二年四月 至二十三年三月	枚數	[illegible]	[illegible]	[illegible]	[illegible]	[illegible]	[illegible]	[illegible]	[illegible]	[illegible]	[illegible]	[illegible]	[illegible]	[illegible]	[illegible]	[illegible]	[illegible]	[illegible]	[illegible]
	金額	[illegible]	[illegible]	[illegible]	[illegible]	[illegible]	[illegible]	[illegible]	[illegible]	[illegible]	[illegible]	[illegible]	[illegible]	[illegible]	[illegible]	[illegible]	[illegible]	[illegible]	[illegible]
二十三年度 自二十三年四月 至二十四年三月	枚數	[illegible]	[illegible]	[illegible]	[illegible]	[illegible]	[illegible]	[illegible]	[illegible]	[illegible]	[illegible]	[illegible]	[illegible]	[illegible]	[illegible]	[illegible]	[illegible]	[illegible]	[illegible]
	金額	[illegible]	[illegible]	[illegible]	[illegible]	[illegible]	[illegible]	[illegible]	[illegible]	[illegible]	[illegible]	[illegible]	[illegible]	[illegible]	[illegible]	[illegible]	[illegible]	[illegible]	[illegible]
二十四年度 自二十四年四月 至二十五年三月	枚數	[illegible]	[illegible]	[illegible]	[illegible]	[illegible]	[illegible]	[illegible]	[illegible]	[illegible]	[illegible]	[illegible]	[illegible]	[illegible]	[illegible]	[illegible]	[illegible]	[illegible]	[illegible]
	金額	[illegible]	[illegible]	[illegible]	[illegible]	[illegible]	[illegible]	[illegible]	[illegible]	[illegible]	[illegible]	[illegible]	[illegible]	[illegible]	[illegible]	[illegible]	[illegible]	[illegible]	[illegible]
二十五年度 自二十五年四月 至二十六年三月	枚數	[illegible]	[illegible]	[illegible]	[illegible]	[illegible]	[illegible]	[illegible]	[illegible]	[illegible]	[illegible]	[illegible]	[illegible]	[illegible]	[illegible]	[illegible]	[illegible]	[illegible]	[illegible]
	金額	[illegible]	[illegible]	[illegible]	[illegible]	[illegible]	[illegible]	[illegible]	[illegible]	[illegible]	[illegible]	[illegible]	[illegible]	[illegible]	[illegible]	[illegible]	[illegible]	[illegible]	[illegible]
二十六年度 自二十六年四月 至二十七年三月	枚數	[illegible]	[illegible]	[illegible]	[illegible]	[illegible]	[illegible]	[illegible]	[illegible]	[illegible]	[illegible]	[illegible]	[illegible]	[illegible]	[illegible]	[illegible]	[illegible]	[illegible]	[illegible]
	金額	[illegible]	[illegible]	[illegible]	[illegible]	[illegible]	[illegible]	[illegible]	[illegible]	[illegible]	[illegible]	[illegible]	[illegible]	[illegible]	[illegible]	[illegible]	[illegible]	[illegible]	[illegible]
合計	枚數	[illegible]	[illegible]	[illegible]	[illegible]	[illegible]	[illegible]	[illegible]	[illegible]	[illegible]	[illegible]	[illegible]	[illegible]	[illegible]	[illegible]	[illegible]	[illegible]	[illegible]	[illegible]
	金額	[illegible]	[illegible]	[illegible]	[illegible]	[illegible]	[illegible]	[illegible]	[illegible]	[illegible]	[illegible]	[illegible]	[illegible]	[illegible]	[illegible]	[illegible]	[illegible]	[illegible]	[illegible]

前ページが折り畳みページの為、印刷なし

郵便葉書売下枚数及収入金額統計表

明治 6 年 12 月 -27 年 3 月

郵便葉書賣下枚數及收入金額統計表

自明治六年十二月
至同二十七年三月

年次		五厘	壹錢	貳錢	參錢	五錢	六錢	往復貳錢	往復四錢	往復六錢	計
明治六年十二月	枚數	四、六六〇	三、三八〇	—	—	—	—	—	—	—	八、〇四〇
	金額	二三、三〇〇	三三、八〇〇	—	—	—	—	—	—	—	五七、一〇〇
七年 自一月 至十二月	枚數	六三二、五二九	一、六一六、九四〇	—	—	—	—	—	—	—	二、二三九、四六九
	金額	三、一六二、六四五	一六、一六九、四〇〇	—	—	—	—	—	—	—	一九、三三二、〇四五
八年 自八年一月 至九年六月	枚數	三、〇三五、一九六	四、三九六、一八八	—	—	—	—	—	—	—	七、四三一、三八四
	金額	一五、一七五、九八〇	四三、九六一、八八〇	—	—	—	—	—	—	—	五九、一三七、八六〇
九年度 自九年七月 至十年六月	枚數	三、六四九、一七八	四、九八七、三二一	—	—	—	—	—	—	—	八、六三六、四九九
	金額	一八、二四五、八九〇	四九、八七三、二一〇	—	—	—	—	—	—	—	六八、一一九、一〇〇
十年度 自十年七月 至十一年六月	枚數	五、四二六、四一八	七、一四五、三三〇	—	一一、一〇〇	八、八〇〇	一、八〇〇	—	—	—	一二、五九三、四三八
	金額	二七、一三二、〇九〇	七一、四五三、三〇〇	—	三三三、〇〇〇	四四〇、〇〇〇	一〇八、〇〇〇	—	—	—	九九、四六六、三九〇
十一年度 自十一年七月 至十二年六月	枚數	七、六四七、一三九	一〇、〇七三、七一七	五〇〇	二、六五〇	二、三〇〇	二、〇〇〇	—	—	—	一七、七二七、三〇六
	金額	三八、二三五、六九五	一〇〇、七三七、一七〇	一〇、〇〇〇	七九、五〇〇	一一五、〇〇〇	一二〇、〇〇〇	—	—	—	一三九、二八七、三六五
十二年度 自十二年七月 至十三年六月	枚數	九、一五一、二六八	一三、六八〇、八八七	一二、七五〇	一〇、九〇〇	—	—	—	—	—	二二、八五五、八〇五
	金額	四五、七五六、三四〇	一三六、八〇八、八七〇	二五五、〇〇〇	三二七、〇〇〇	—	—	—	—	—	一八三、一四七、二一〇
十三年度 自十三年七月 至十四年六月	枚數	一一、七八二、六二七	一七、一〇八、五四一	七、七三〇	五、六八〇	—	—	—	—	—	二八、九〇四、五七八
	金額	五八、九一三、一三五	一七一、〇八五、四一〇	一五四、六〇〇	一七〇、四〇〇	—	—	—	—	—	二三〇、三二三、五四五
十四年度 自十四年七月 至十五年六月	枚數	一二、九三八、九一一	一九、四八五、九五〇	四、四〇〇	三、三〇〇	—	—	—	—	—	三二、四三二、五六一
	金額	六四、六九四、五五五	一九四、八五九、五〇〇	八八、〇〇〇	九九、〇〇〇	—	—	—	—	—	二五九、七四一、〇五五

附錄

八十三

郵便葉書売下枚数及収入金額統計表

明治 6 年 12 月 -27 年 3 月

年次		五厘	壹錢	貳錢	參錢	五錢	六錢	往復貳錢	往復四錢	往復六錢	計
十五年度 自十五年七月 至十六年六月	枚數	七、〇五〇、四七六	二八、五〇八、九八二	一三、四五二	一一、四二七	—	—	—	—	—	三五、五八四、三三七
	金額	三五、二五二、三八〇	二八五、〇八九、八二〇	二六九、〇四〇	三四二、八一〇	—	—	—	—	—	三二〇、九五四、〇五〇
十六年度 自十六年七月 至十七年六月	枚數	八、三〇七	三五、〇九〇、九四一	五、七五九	二、八一三	—	—	—	—	—	三五、一〇七、八二〇
	金額	四一、五三五	三五〇、九〇九、四一〇	一一五、一八〇	八四、三九〇	—	—	—	—	—	三五一、一五〇、五一五
十七年度 自十七年七月 至十八年六月	枚數	二、七〇八	三九、〇四五、八六七	一一、七七八	五、〇一八	—	—	三九五、五〇六	二、六八七	二、〇〇九	三九、四六五、五七三
	金額	一三、五四〇	三九〇、四五八、六七〇	二三五、五六〇	一五〇、五四〇	—	—	七、九一〇、一二〇	一〇七、四八〇	一二〇、五四〇	三九八、九九六、四五〇
十八年度 自十八年七月 至十九年三月	枚數	—	三一、五七五、三九四	一〇、三二二	三、四一八	—	—	一五四、三八七	六九三	六〇八	三一、七四四、七三三
	金額	—	三一五、七五三、九四〇	二〇六、四四〇	一〇二、五四〇	—	—	三、〇八七、七四〇	二七、七二〇	三六、四八〇	三一九、二一三、八六〇
十九年度 自十九年四月 至二十年三月	枚數	一四八	四九、三二一、四六八	一五、一七六	四、八〇〇	一二二	二三	三〇四、四五一	六四八	五四七	四九、六四七、三八三
	金額	七四〇	四九三、二一四、六八〇	三〇三、五二〇	一四四、〇〇〇	六、一〇〇	一、三八〇	六、〇八九、〇二〇	二五、九二〇	三二、八二〇	四九九、八一八、一八〇
二十年度 自二十年四月 至二十一年三月	枚數	二六六	六四、二七〇、四五八	一七、六八四	六、九七三	五〇	五一	四六四、三五一	六二九	四四二	六四、七六〇、九〇四
	金額	一、三三〇	六四二、七〇四、五八〇	三五三、六八〇	二〇九、一九〇	二、五〇〇	三、〇六〇	九、二八七、〇二〇	二五、一六〇	二六、五二〇	六五三、六一三、〇四〇
二十一年度 自二十一年四月 至二十二年三月	枚數	八	六六、七六七、九三三	二四、八七八	七、二〇三	五	四	五六一、四七三	八五三	七九四	六七、三六三、一三九
	金額	四〇	六六七、六七九、三三〇	四九七、五六〇	二一六、〇九〇	二五〇	二四〇	一一、二二九、四六〇	三四、〇八〇	四七、六四〇	六七九、七〇四、五七〇
二十二年度 自二十二年四月 至二十三年三月	枚數	三七	八七、一三一、〇三三	二六、〇六四	八、五七一	二二	二二	七九二、二九三	一、二〇〇	九八五	八七、九六〇、二三六
	金額	一八五	八七一、三一〇、三三〇	五二一、二八〇	二五七、一三〇	一、一〇〇	一、三二〇	一五、八四五、八六〇	四八、〇〇〇	五九、一〇〇	八八八、〇四四、二九五
二十三年度 自二十三年四月 至二十四年三月	枚數	六	九五、四一八、七三三	三九、九〇〇	一〇、五九四	八	八	九四八、七〇七	一、五三七	八四六	九六、四二〇、三三八
	金額	三〇	九五四、一八七、三三〇	七九八、〇〇〇	三一七、八二〇	四〇〇	四八〇	一八、九七四、一四〇	六一、四八〇	五〇、七六〇	九七四、三九〇、四三〇
二十四年度 自二十四年四月 至二十五年三月	枚數	—	一〇八、六六八、八六三	四四、九四五	一一、三九〇	—	—	一、一一三、八七七	一、一五一	九四六	一〇九、八四〇、一七二
	金額	—	一、〇八六、六八八、六三〇	八九八、九〇〇	三四一、七〇〇	—	—	二二、二五七、五四〇	四六、〇四〇	五六、七六〇	一、一一〇、三八九、五七〇

八十四

郵便封皮・帯紙売下枚数及収入金額統計表

明治５年４月 -27 年３月

自明治五年四月至同二十七年三月 郵便封皮帶紙賣下枚數及收入金額統計表

年次		明治五年（自四月至十二月）枚數	金額	六年（自一月至十二月）枚數	金額	七年（自一月至十二月）枚數	金額	八年（自八年一月至九年六月）枚數	金額	九年度（自九年七月至十年六月）枚數	金額	十年度 枚數	二十五年度（自二十五年四月至二十六年三月）枚數	金額	二十六年度（自二十六年四月至二十七年三月）枚數	金額	合計 枚數	金額
封皮	角形壹錢	—	—	三、七〇〇	四〇、七〇〇	七〇、三八四	七七四、三三四	二四、一五〇	二六五、六五〇	三、七四三	四一、一七三	六、五一五	—	—	—	—	六一、三一九、八八二	三〇六、五九九、四一〇
	角形貳錢	—	—	三、〇五〇	六七、一〇〇	一〇二、七五一	二、二六〇、五二二	二七、一七二	五九七、七八四	四、三七九	九六、三三八	三、一〇五	一二四、三七〇、四〇八	一、二四三、七〇四、〇八〇	一四三、七一七、六三三	一、四三七、一七六、三三〇	九五二、三八四、八三五	九、五二三、八四八、三五〇
	角形四錢	—	—	五〇〇	二一、〇〇〇	四二、二二八	一、七七三、五七六	三、〇五八	一二八、四三六	四四九	一八、八五八	四七四	六四、二九〇	一、二八五、八〇〇	五九、九〇五	一、一九八、一〇〇	三五九、五三三	七、一九〇、六六〇
	長形貳錢	—	—	三、六〇〇	七五、六〇〇	一一六、〇三一	二、四三六、六五一	三八、〇六六	七九九、三八六	四、七五三	九九、八一三	九八、七九四	二四、五〇七	七三五、二一〇	一八、五五一	五五六、五三〇	一四八、八九五	四、四六六、八五〇
	長形四錢	—	—	七六〇	三一、九二〇	四二、〇五六	一、七六六、三五二	二、二五三	九四、六二六	四四七	一八、七七四	八六〇	—	—	—	—	一一、三〇七	五六五、三五〇
	長形六錢	—	—	二〇〇	一二、四〇〇	一六、四一七	一、〇一七、八五四	五、七〇〇	三五三、四〇〇	四四八	二七、七七六	四七	—	—	—	—	三、九〇八	二三四、四八〇
	計	—	—	一一、八一〇	二四八、七二〇	三八九、八六八	一〇、〇三九、二〇〇	一〇〇、三九九	二、二三九、二八二	一四、一二九	三〇二、七三二	一一八、七九五	一、四〇六、二七九	二八、三三五、五八〇	一、六六五、九一九	三三、三一八、三八〇	七、八〇六、二四二	一五六、一二四、八四〇
帶紙	貳厘五毛	一八三、九〇五	四五九、七六二五	七一、六〇〇	一七九、〇〇〇	八八、一六〇	二二〇、四〇〇	三三四、四八〇	八三六、二〇〇	二九七、五〇〇	七四三、七五〇	四〇一、七五〇	五、七七〇	二三〇、八〇〇	二、七三六	一〇九、四四〇	一七、九〇三	七一六、一二〇
	壹錢	—	—	—	—	—	—	—	—	—	—	—	四、七三八	二八四、二八〇	二、二一一	一三二、六六〇	一四、一二六	八四七、五六〇
	計	一八三、九〇五	四五九、七六二五	七一、六〇〇	一七九、〇〇〇	八八、一六〇	二二〇、四〇〇	三三四、四八〇	八三六、二〇〇	二九七、五〇〇	七四三、七五〇	四〇一、七五〇	三三五、八七五、九九二	一、二七四、三六五、七五〇	一四五、四六六、九四五	一、四七二、四九一、三四〇	一、〇三二、〇六六、六三一	一〇、〇〇〇、五九三、六三〇

郵便封皮・帯紙売下枚数及収入金額統計表

明治５年４月 -27 年３月

年次		自十年七月至十一年六月	十一年度 自十一年七月至十二年六月		十二年度 自十二年七月至十三年六月		十三年度 自十三年七月至十四年六月		十四年度 自十四年七月至十五年六月		十五年度 自十五年七月至十六年六月		十六年度 自十六年七月至十七年六月		十七年度 自十七年七月至十八年六月		十八年度 自十八年七月至十九年三月		十九年度 自十九年四月至二十年三月	
		金額	枚數	金額	枚數	金額	枚數	金額	枚數	金額	枚數	金額	枚數	金額	枚數	金額	枚數	金額	枚數	金額
封皮	角形壹錢	七一、六六五	二、九八三	三一、八〇二	一〇、六九七	二七、六六七	一、八一〇	三九、九一〇	七、二六五	七九、九一五	四、八一八	五二、九九八	一、八四六	二〇、三〇六	五八五	六、四三五	七五	八二五	二四	二六四
	角形貳錢	二六六、三一〇	六、九七九	一五三、四五〇	六、九八三	一五三、六二六	一一、六九三	二五七、二四六	一〇、〇一七	二二〇、三七四	一〇、七三三	二三六、一〇四	六、二七一	一三七、九六二	五、六一〇	一二三、四二〇	三、九八〇	八七、五六〇	四、七一二	一〇三、六六四
	角形四錢	一九、九〇八	一、〇七	四五、二三四	六五七	二七、五九四	一、三四〇	五六、二八〇	一一六	四、八七二	一、六〇一	六七、二四二	一五七	六、五九四	六五七	二七、五九四	一〇六	四、四五二	四〇〇	一六、八〇〇
	長形貳錢	二、〇七四、六七四	一一三、九五八	二、三九三、一一八	一六〇、一九四	三、三六四、〇七四	二三九、二四九	四、八一四、二二九	二一四、九二〇	四、五一三、三二〇	三一五、八五九	六、六三三、〇三九	一八九、七三三	三、九八四、三九三	一五八、二五四	三、三二三、三三四	九四、三三七	一、九八一、〇七七	一二四、五四七	二、六一五、四八七
	長形四錢	三六、一二〇	一、五七八	六六、二七六	一、五六六	六五、七七二	二、三六二	九九、二〇四	四三〇	一八、〇六〇	二、九九一	一二五、六二二	六五四	二七、四六八	九二四	三八、八〇八	四六二	一九、四〇四	五〇六	二一、二五二
	長形六錢	二、九一四	二五〇	一五、五〇〇	八一四	五〇、四六八	一、五八〇	九七、九六〇	三三〇	二〇、四六〇	一、七七一	一〇九、八〇二	二四七	一五、三一四	七一〇	四四、〇二〇	二一六	一三、三九二	三二一	一九、九〇二
	計	二、四七一、五九一	一二六、八二〇	二、七〇六、三八〇	一八〇、九一一	三、七七九、二〇一	二五八、〇三四	五、四五四、八二九	二三三、〇七八	四、八五七、〇〇一	三三七、七七二	七、二三四、八〇七	一九八、九〇八	四、一九二、〇三七	一六六、七四〇	三、五六三、六二一	九九、一七六	二、一〇六、七一〇	一三〇、五一〇	二、七七七、三六九
帯紙	貳厘五毛	一、〇〇四、三七五	六八二、七〇〇	一、七〇六、七五〇	一、一三五、五〇〇	二、八一三、七五〇	九四七、一六〇	二、三六七、九〇〇	一、七八七、五〇〇	四、四六八、七五〇	九七二、〇七七	二、四三〇、一九二 五	四二、六五九	一〇六、六四七 五	二一、二七二	五三、一八〇	一七〇	四二五	六八六	一、七一五
	壹錢	—	—	—	—	—	—	—	—	—	一五、一〇〇	一五一、〇〇〇	—	—	九三、九六七	九三九、六七〇	二三、四〇一	二三四、〇一〇	三三、七五七	三三七、五七〇
	計	一、〇〇四、三七五	六八二、七〇〇	一、七〇六、七五〇	一、一三五、五〇〇	二、八一三、七五〇	九四七、一六〇	二、三六七、九〇〇	一、七八七、五〇〇	四、四六八、七五〇	九八七、一七七	二、五八一、一九二 五	四二、六五九	一〇六、六四七 五	一一五、二三九	九九二、八五〇	二三、五七一	二三四、四三五	三四、四四三	三三九、二八五

八十六

郵便封皮・帯紙売下枚数及収入金額統計表

明治５年４月 -27 年３月

自明治十八年五月至同二十二年三月 電信切手賣下枚數及收入金額統計表

二十年度 自二十年四月至二十一年三月 枚數	二十年度 金額	二十一年度 自二十一年四月至二十二年三月 枚數	二十一年度 金額	二十二年度 自二十二年四月至二十三年三月 枚數	二十二年度 金額	二十三年度 自二十三年四月至二十四年三月 枚數	二十三年度 金額	二十四年度 自二十四年四月至二十五年三月 枚數	二十四年度 金額	二十五年度 自二十五年四月至二十六年三月 枚數	二十五年度 金額	二十六年度 自二十六年四月至二十七年三月 枚數	二十六年度 金額	合計 枚數	合計 金額
五八六	六、四四六	一〇	一一〇	四一	四五一	六	六六	—	—	—	—	—	—	一四九、二三七	一、六四一、六〇七
五、三九五	一一八、六九〇	一一、八四九	二六〇、六七八	一三、八〇七	三〇三、七五四	一二、五三八	二七五、六一六	一二、六八三	二七〇、三三六	一五、三二九	三三四、八一八	一四、六九〇	三二三、一八〇	三〇二、二〇一	六、六四八、四三三
七五三	三一、六二六	一三	五〇四	三九	一、六三八	六	二五二	—	—	—	—	—	—	五三、六三〇	二、二五二、四六〇
一三七、五九一	二、八八九、四二一	八七、二六三	一、九一八、九五一	九〇、六二四	一、九九三、七一六	七八、一〇六	一、七一八、三三二	八九、六〇九	一、九七一、三九八	九三、三一八	二、〇五三、二二六	九三、九四九	二、〇六六、八七八	二、五三二、七八五	五三、七二〇、一一八
五六八	一三、八五六	一三	五四六	三〇	一、二六〇	六	二五三	—	—	—	—	—	—	五八、四六六	二、四五五、五七二
五八〇	三五、九六〇	一三	八〇六	三九	二、四一八	六	三七三	—	—	—	—	—	—	二九、六八九	一、八四〇、七一八
一四五、四七三	三、一〇五、九八九	九九、一七九	二、一八一、五九五	一〇四、五八〇	二、三〇三、三三七	九〇、六五八	一、九九四、八九〇	一〇一、八九二	二、二四一、六二四	一〇八、五四七	二、三八八、〇三四	一〇八、六三九	二、三九〇、〇五八	三、一三六、〇〇八	六八、五五八、八九七
二九八	七四五	三	五五	四三	一〇七 五	三	七 五	—	—	—	—	—	—	六、九五六、四八五	一七、三九一、二二三 五
二一、二一四	二二一、二四〇	一六、三〇八	一六三、〇八〇	三、九二九	三九、二九〇	三	三〇	—	—	—	—	—	—	二〇六、五七九	二、〇六五、七九〇
二一、四一三	二二一、八八五	一六、三三〇	一六三、一三五	三、九七二	三九、三九七 五	六	三七 五	—	—	—	—	—	—	七、一六三、〇六四	一九、四五七、〇〇二 五

年次	明治十八年 自十八年五月至十九年三月 枚數	明治十八年 金額
壹錢		
貳錢		
參錢		
四錢		
五錢		
拾錢		
拾五錢		
貳拾五錢		
五拾錢		
壹圓		
計		

電信切手売下枚数及収入金額統計表

明治 18 年 5 月 -27 年 3 月

年次	十九年度 自十九年四月 至二十年三月 枚數	十九年度 金額	二十年度 自二十年四月 至二十一年三月 枚數	二十年度 金額	二十一年度 自二十一年四月 至二十二年三月 枚數	二十一年度 金額	合計 枚數	合計 金額
壹錢			七一、五九六	七一五、九六〇	三八	三八〇		
貳錢			一九六、二五三	三、九二五、〇六〇	二六	五二〇		
參錢			一六二、〇九六	四、八六二、八八〇	四〇	一、二〇〇		
四錢			三三、九九五	一、三一九、八〇〇	二	八〇		
五錢			四五二、五三一	二二、六二六、五五〇	一八	九〇〇		
拾錢			八五〇、一七四	八五、〇一七、四〇〇	四七	四、七〇〇		
拾五錢			一、六九八、四六五	二五四、七六九、七五〇	三	四五〇		
貳拾五錢			七七二、五七〇	一九三、一四二、五〇〇	二	五〇〇		
五拾錢			九二、〇一七	四六、〇〇八、五〇〇	二	一、〇〇〇		
壹圓			二一、八七六	二一、八七六、〇〇〇	二	二、〇〇〇		
計			四、三五〇、五七三	六三四、三六四、四〇〇	一八〇	一一、七三〇		

備考　明治十八、十九兩年ノ材料備ハラス姑ク他日ヲ俟ツ

八十八

自明治七年二月 至同二十一年三月 飛信切手製造高製造費統計及壹萬枚ニ對スル製造價格表

年次	製造高	製造費 單價	製造費 代價
明治七年 自二月 至十二月	四二、〇〇〇	三〇・〇〇〇	一二六・〇〇〇
八年 自一月 至六月	四四、四〇〇	八・一三八	三六・一三三
八年度 自八年七月 至九年六月	二、〇〇〇	四〇・七五〇	八・一五〇
九年度 自九年七月 至十年六月	二〇、〇〇〇	二六・六八五四	五三・三七一
十年度 自十年七月 至十一年六月	五、二〇〇	二六・六八五四	一三・八七六

飛信切手製造高・製造費統計及一万枚に対する製造価格表

明治７年２月 -21 年３月

飛信切手使拂統計表

自明治七年二月
至同二十七年三月

年度	期間	使用廳へ交付高	見本拂出高	計
十一年度	自十一年七月 至十二年六月	二、〇〇〇	二六•六八五四	五•三三七
十二年度	自十二年七月 至十三年六月	四、〇〇〇	二六•六八五四	一〇•六七四
十三年度	自十三年七月 至十四年六月	四、〇〇〇	三二•〇〇〇	一二•八〇〇
十四年度	自十四年七月 至十五年六月	—	—	—
十五年度	自十五年七月 至十六年六月	四、〇〇〇	三二•〇〇〇	一二•八〇〇
十六年度	自十六年七月 至十七年六月	—	—	—
十七年度	自十七年七月 至十八年六月	二〇、〇〇〇	三二•〇〇〇	六四•〇〇〇
十八年度	自十八年七月 至十九年三月	—	—	—
十九年度	自十九年四月 至二十年三月	—	—	—
二十年度	自二十年四月 至二十一年三月	三〇、〇〇〇	三二•〇〇〇	九六•〇〇〇
合計		一七七、六〇〇	—	四三九•一四一

種類	使用廳へ交付高	見本拂出高	計
代赭色（正院外務内務大蔵工部司法宮内六省及開拓使用）	四、四九四	七、九九三	一二、四八七
青色陸軍省用	二七、六三〇	八、七二九	三六、三五九

飛信切手使払統計表　明治 27 年 現行郵便税表

明治 7 年 2 月 -27 年 3 月

種類	使用廳ヘ交付高	見本拂出高	計
黄色海軍省用	二、〇〇〇	七、一九六	九、一九六
萌黄色各府縣用 東京府ヲ除ク	一四、三〇六	八、七一四	二三、〇二〇
合計	四八、四三〇	三二、六三二	八一、〇六二

九十

明治二十七年三月現行 郵便税表

種別	税率
第一種 書状	二匁毎ニ二錢 二匁未滿亦同シ 大サハ曲尺長一尺二寸幅八寸厚五寸ヲ限トス
第二種 葉書	一葉 一錢 往復一葉 二錢
第三種 毎月一回以上發行スル定時印刷物及其附錄	一號一個重量十六匁毎ニ五厘 十六匁未滿亦同シ 二號ハ二個以上一束重量十六匁毎ニ壹錢 十六匁未滿亦同シ 遞信省ノ認可ヲ受ケ且封緘セサルモノトス 一個ノ重量ハ三百目ヲ限トス 大サハ第一種ニ同シ
第四種 書籍、帳簿、各種ノ印刷物、寫眞、繪圖、罫紙、營業品ノ見本及雛形、農產物種子	重量三十匁毎ニ二錢 三十匁未滿亦同シ 營業品ノ見本及雛形ハ雙方又ハ一方營業者ノ間往復スルモノニ限ルモノトス 一個ノ重量ハ三百目ヲ限トス 但營業品ノ見本及雛形ハ一個ノ重量百匁ヲ限リトス 大サハ第一種ニ同シ但封緘セサルモノトス

現行郵便税表
明治27年

封皮	税額印面ニ相當スル重量ノ書狀ニ用ヒシム 其重量若シ税額ニ超ユルトキハ切手ヲ補貼セシム
帯紙	第三種郵便物一號一個ヲ以テ達スルモノニ用ヒシム 但重量十六匁以下ノモノトス
書留	何種ニ拘ラス手數料六錢 郵便税手數料トモ前納トシ郵便物表面ニ書留ト記載セシム
別配達	書留郵便ニ限ルモノニシテ市内外ノ別アリ市内卽チ東京、京都、大阪ハ十錢　其他ノ市内ハ六錢 市外ハ配達局ヨリ受取人ノ住所ニ至ル路程ニ應シ十八町毎ニ六錢 郵便税及別配達料トモ前納トシ郵便物表面ニ別配達ト記載セシム
配達證明	書留郵便ニ限ルモノニシテ配達局ヨリ差出人ニ之ヲ送付ス其手數料ハ前納トシ何種ニ拘ラス三錢 但郵便物表面ニ配達證明ト記載セシム
未納及不足税	受取人ヨリ通常税ノ二倍ヲ徴收ス受取人之ヲ受取ラサルトキハ差出人ニ返付シ三倍ヲ徴收ス 制限ニ超過シ規定ニ違背シタル郵便物ハ差出人ニ返付シ未納又ハ不足税ノ二倍ヲ徴收ス 配達シ能ハスシテ差出人ニ還付スルトキハ二倍ヲ徴收ス 人民ヨリ官廳ヘ差出ス郵便物ハ未納及不足税ヲ許サス
免税	郵便、郵便爲替、貯金ノ事務ニ關スル郵便物及其書留手數料、別配達料、艀船料 但郵便物表面ニ郵便事務、爲替事務、貯金事務ノ文字ヲ記載セシメ官吏ハ官氏名、人民ハ宿所氏名ヲ記載セシム

現行郵便税表

明治27年

種別	税率
爲替料	五圓迄四錢　十圓迄六錢　二十圓迄十錢　三十圓迄十五錢 清國上海ト內地間ニ受授スル內國郵便爲替料ハ左ノ如シ 十圓迄十錢　二十圓迄二十錢　三十圓迄三十錢 電信爲替料ハ左ノ如シ 五圓迄二十八錢　十圓迄三十錢　二十圓迄三十五錢　三十圓迄四十錢
艀船料	船舶ニ達スル別配達ハ其碇泊所ニ從ヒ別配達料ノ外相當ノ艀船料ヲ受取人ヨリ徴收ス
貨幣封入	郵便物ノ重量ニ從ヒ第一種郵便物ノ税ヲ前納シ別ニ封入金額送達ノ路程ニ從ヒ貨幣遞送賃ヲ通貨ニテ納メシム 但貨幣遞送賃ハ差出人ニ於テ前納シ配達賃ハ受取人ヨリ納メシム 封入ノ金額ハ三十圓ヲ限リトシ其金額ヲ郵便物ノ表面ニ明記セシム

附電報料及電報手數料

電報	國內ヲ通スル電報料左ノ如シ（一市內ヲ除ク） 和文片假名十字以內　一音信　十五錢 十字以內ヲ加フル每ニ十錢ヲ增ス 歐文五語以內　住所氏名トモ　二十五錢 一語ヲ加フル每ニ五錢ヲ增ス 一市內ニ發著スル電報料左ノ如シ 和文片假名十字以內　一音信　五錢 十字以內ヲ加フル每ニ三錢ヲ增ス

九十二

現行郵便税表

明治27年

料

歐文五語以内　住所氏名トモ　十錢
一語ヲ加フル毎ニ二錢ヲ増ス
至急官報ハ通常料ノ二倍トス
至急私報ハ通常料ノ三倍トス
追尾電報ハ追尾一回毎ニ原信電報料ノ半額ヲ増ス
同文電報ハ原信ヲ除クノ外一通毎ニ和文ハ五錢歐文ハ十五錢トス
照校電報ハ原信電報料ノ半額ヲ増ス
受信電報ハ和文ハ一音信歐文ハ五語ノ料金ヲ増ス

電報手數料

發信人ノ請求ニ依リ交付スル電報受取證手數料ハ三錢
郵便電信局電信局ヨリ一里ヲ超ヘタル地ニ宛タル電報ハ郵便又ハ別使トス　郵便税ハ二錢、別使配達料ハ九町毎ニ三錢
船艦ニ宛テタル電報ハ艀船料二十錢
發信人及受信人ヨリ原信正寫ヲ請求スルトキハ和文ハ百字以内毎ニ二錢　歐文ハ百語以内毎ニ十錢

附小包郵便料

里程＼量目	二百匁迄	四百匁迄	六百匁迄	八百匁迄	一貫匁迄	一貫二百五十匁迄	一貫五百匁迄
二十里迄	六錢	八錢	十錢	十二錢	十四錢	十七錢	二十錢
四十里迄	七錢	十錢	十三錢	十六錢	十九錢	二十三錢	二十七錢
六十里迄	八錢	十二錢	十六錢	二十錢	二十四錢	二十九錢	三十四錢
八十里迄	九錢	十四錢	十九錢	二十四錢	二十九錢	三十六錢	四十三錢
百里迄	十錢	十六錢	二十二錢	二十八錢	三十四錢	四十二錢	五十錢

現行郵便税表
明治27年

里程＼量目	二百匁迄	四百匁迄	六百匁迄	八百匁迄	一貫匁迄	一貫二百五十匁迄	一貫五百匁迄
百五十里迄	十二錢	十九錢	二十六錢	三十三錢	四十錢	四十九錢	五十八錢
二百里迄	十四錢	二十二錢	三十錢	三十八錢	四十六錢	五十六錢	六十六錢
二百五十里迄	十六錢	二十五錢	三十四錢	四十三錢	五十二錢	六十四錢	七十六錢
三百里迄	十八錢	二十八錢	三十八錢	四十八錢	五十八錢	七十一錢	八十四錢
三百里以外	二十一錢	三十二錢	四十三錢	五十四錢	六十五錢	七十九錢	九十三錢

容積及重量	長厚幅トモ曲尺二尺、一貫五百匁ヲ制限トス 但料金ハ總テ前納トス
價額登記	登記保險料ハ登記金額一圓迄七錢、一圓以上ハ一圓迄每ニ金一錢ヲ增ス、登記價額ハ百五十圓ヲ制限トス
市外送	郵便局ノ市外ニ送ルモノハ其重量ニ從ヒ別ニ左ノ料金ヲ增納セシム 六百匁迄二錢　一貫迄四錢　一貫五百匁迄六錢
轉送及還付	表書外ノ地ニ轉送ノトキ又ハ還付ノトキハ更ニ郵便料ヲ納メシム
配達證明	一箇ニ付三錢 但小包郵便物表面ニ配達證明ト記載セシム
別配達	東京京都大阪市内ハ十錢其他ノ市内ハ六錢市外ハ十八町迄每ニ六錢トス 甲小包開設局ヨリ乙開設局市内ヘ發送スルモノハ市外ニ準ス 但小包郵便物表面ニ別配達ト記載セシム
免料	郵便事務ニ關シ郵便官署ノ間相互ニ遞送スル小包郵便物 但其表面ニ郵便事務ト記載セシム

九十四

現行外国宛郵便税表
明治27年

附錄

明治二十七年三月現行 外國宛郵便税表

第一表 法規摘要

一 信書……信書ハ其寸尺重量共ニ制限ナシ（十一項記載ノモノハ本文ノ限ニアラス）

二 郵便端書……郵便端書ハ萬國郵便聯合端書ヲ使用スヘシ

三 各種印刷物……各種印刷物ハ印刷物普通ノ性質ヲ具ヘ現ニ相互ノ間ニ往復スル音信文ノ性質ヲ有セサルモノニシテ檢査シ易キ樣ニ包裝シ其一面ノ寸尺ハ四十五「サンチメートル」（曲尺一尺四寸八分五厘）及卷物體ノモノハ長七十五「サンチメートル」（曲尺二尺四寸七分五厘）中徑十「サンチメートル」（曲尺三寸三分）又重量ハ二千「グラム」（五百三十三匁三分三厘三毛三四）ヲ超過スルヲ得ス（寸尺重量十一項ニ記載ノモノハ本文ノ限ニアラス）

四 訴訟用及商業用書類……訴訟用及商業用書類ハ現ニ相互ノ間ニ往復スル音信文ノ性質ヲ具ヘサル全部若クハ一部ヲ筆書セシ各種ノ文書ニシテ檢査シ易キ樣ニ包裝スヘシ〇寸尺重量ハ印刷物ト異ナルコトナシ（寸尺重量十一項ニ記載ノモノハ本文ノ限ニアラス）

五 商品見本……商品見本ハ市價ヲ有セサルモノトス
商品見本ノ寸尺ハ長三十「サンチメートル」（曲尺九寸九分）幅二十「サンチメートル」（曲尺六寸六分）厚十「サンチメートル」（曲尺三寸三分）及卷物體ノモノハ長三十「サンチメートル」（曲尺九寸九分）中徑十五「サンチメートル」（曲尺四寸九分五厘）又其重量ハ二百五十「グラム」（六十六匁六分六厘七毛五〇）以内トス但シ英國、英國所屬地及英國殖民地（印度、加那太及濠洲殖民地ヲ除ク）宛ノモノハ重量三百五十「グラム」（九十三匁三分三厘四毛五〇）ニ達スルヲ得（十一項記載ノモノハ本文ノ限ニアラス）
萬國郵便條約實施細目規則第十九條ニ據リ水液脂肪及粉末物ハ特定ノ包裝ヲナシ交換スルヲ得 〇交換國名左ノ如シ

亞然的音共和國〇墺地利〇洪曷利〇白耳義〇ボスニア、フヘルチエゴゔヰナ〇伯西兒〇勃爾瓦利〇加那太〇智利〇公果〇古西多利加〇丁抹〇丁抹領西印度〇ドミニカン共和國〇埃及〇佛蘭西〇佛蘭西諸殖民地〇日爾曼〇日爾曼諸保護國及在外國日爾曼諸郵便局〇希臘〇布哇〇ハイチ〇伊太利〇リベリヤ〇歷山堡〇滿得涅各羅〇和蘭〇蘭領東印度〇蘭領西印度（キユラサオ）蘭領銀奈（シユリナーム）〇尼加拉瓜〇那威〇白露〇葡萄牙〇葡萄牙諸殖民地〇ホンヂユラス共和國〇羅馬尼〇薩瓦多〇塞爾維〇暹羅〇南亞弗利加共和國（トランスバール）〇西班牙〇西班牙諸殖民地〇瑞典〇瑞西〇突尼斯〇土耳其〇亞米利加合衆國

九十五

現行外国宛郵便税表

明治27年

六　郵便税前納方……聯合國ヘ發送スル郵便物ハ信書及郵便端書ヲ除キ其他ハ少クモ郵便税ノ一部分ヲ前納シタルモノニ限ル
聯合外ノ國ヘ發送スル郵便物ハ郵便税ノ全額ヲ前納スヘシ

七　書留……郵便物ハ種類ニ拘ハラス書留トシテ發送スルヲ得

八　到達證……書留郵便物ノ差出人其到達證ヲ求ムルトキハ郵便税竝ニ書留手數料ノ外一個ニ付金五錢ノ増手數料ヲ前納スヘシ

九　別配達……別配達郵便物ノ差出人ハ通常郵便税ノ外豫メ六錢ノ増手數料ヲ完納スヘシ○該郵便物交換國名左ノ如シ
亞然的音共和國（ピエノスエールス、ロザリオ及ブラタ宛ノ郵便物ニ限ル）○墺地利○洪曷利○白耳義○ボスニア、フヘルチエゴヴ井ナ（郵便局設置ノ地ニ宛タル郵便物ニ限ル）○智利○丁抹（市街宛ノ郵便物ニ限ル「アイス」及フアローー島ヲ除ク）○日爾曼○大不列顚○伊太利○りベリア（モンロビア、ビエシヤナン、エヂナー、グリンビール及フリルメー宛ノ郵便物ニ限ル）○歷山堡○滿得涅各羅○和蘭○パラゲー（アソンプシヨン宛ノ郵便物ニ限ル）○葡萄牙○薩瓦多（サンサルバドール宛ノ郵便物ニ限ル）○塞爾維○暹羅（郵便局設置ノ地ニ宛タル郵便物ニ限ル）○瑞西

十　郵送禁止ノ物品……郵便物ヲ汚穢損害スヘキ物品、爆發物、燃焼シ易キ物品、其他危險ナル物品、生死ノ獸類、蟲類、流通正貨、關税ヲ課スヘキ物品、金銀、寶石、珠玉其他高價ナル物品

十一　北京、鎭江等宛郵便物……清國北京、鎭江、宣昌、九江、南京、溫州、蕪湖、牛莊、太沽宛郵便物ハ左ノ制限ヲ超ルヲ得ス
長曲尺一尺五寸（四十五サンチメートル四五）○幅曲尺七寸（二十一サンチメートル二二）○厚曲尺五寸（十五サンチメートル一五）○重量七百目（二千六百二十四グラム九七）

第二表　税率

國名及地名	經過線路	信書十五グラム若クハ其端數每ニ	書留手數料	端書一枚 通常	端書一枚 往復	印刷物五十グラム若クハ其端數每ニ	商品見本 五十グラム迄	商品見本 百グラム迄	商品見本 以上五十グラム每ニ	訴訟用及商業用書類 五十グラム迄	訴訟用及商業用書類 百グラム迄	訴訟用及商業用書類 百五十グラム迄	訴訟用及商業用書類 二百グラム迄	訴訟用及商業用書類 二百五十グラム迄	訴訟用及商業用書類 以上五十グラム每ニ
聯合諸國 い（國名及地名ハ第三表ニ記載ス）……		一〇錢	一〇錢	三錢	六錢	二錢	三錢	四錢	二錢	六錢	七錢	八錢	九錢	一〇錢	二錢
北米合衆國……	香港 北米合衆國														
加那太……	加那太 直航若クハ加那太														
布哇……	直航若クハ北米合衆國 直航若クハ北米合衆國														

現行外国宛郵便税表

明治27年

附録

亞細亞露西亞	直航	五	一〇	二	四	一	二	二	一	五	五	五	五	五	一
ろ 厦門、廣東、福州、漢口、海口(瓊州)寗波、上海及汕頭	香港若クハ上海														
香港	直航若クハ上海														
澳門	直航若クハ香港														
天津(日耳曼及佛蘭西郵便局)	上海若クハ仁川														
釜山浦、元山津及仁川	直航	內地郵便規則及税率ニ據ル													
聯合外諸國															
ラムー及モンバサ(亞弗利加東海岸)	印度														
ホルカル及ハイデラバッド	香港														
カシミア及ラダック(甲)	香港														
トンガー(太洋洲)	新南威爾斯	一〇	一〇	三	六	二	三	四	二	六	七	八	九	一〇	二
喜望峰	英國若クハ印度														
ベチユアナランド(南部亞弗利加)	英國若クハ印度														
ノルフオルク島、フレンドリー島、ラロトンガ島及サヴエージ島	ニウジイランド														
ベチユアナランド保護地(南部亞弗利加)(乙)	英國若クハ印度														
オレンヂフリーステート(南部亞弗利加)	英國若クハ印度														
セントヘレナ	英國	一〇	一〇	…	…	二	三	四	二	六	七	八	九	一〇	二
サラワク(ボル子オ島)	印度														
マダガスカル(アンボヂトラ、アンデボランテ、ヘネリープ、フヒアナランツワ、フールポイント、イバンドロー、マエバタナ、マフアンボー、マフアノロ、マヘラ、メインチラノ、マナンヂヤレー、モランダバー、マローツワンガナ、ノシベ、タナヽリーブ、バトマンドレー、ベヘマーハ除ク)(乙)	佛國														
トリポリース(トリポリーハ除ク)(亞弗利加北海岸)(乙)	佛國														
サルタン領ザンヂバル(ザンヂバルハ除ク)(亞弗利加東海岸)(乙)	佛國	一〇	…	…	…	二	三	四	二	六	七	八	九	一〇	二

九十七

現行外国宛郵便税表

明治 27 年

第三表 聯合國名竝ニ地名

國名及地名	經過線路	信書十五グラム若クハ其端數毎ニ	書留手數料	端書一枚 通常	端書一枚 往復	印刷物五十グラム若クハ其端數毎ニ	商品見本 五十グラム迄	商品見本 百グラム迄	商品見本 以上五十グラム毎ニ	訴訟用及商業用書類 五十グラム迄	訴訟用及商業用書類 百グラム迄	訴訟用及商業用書類 百五十グラム迄	訴訟用及商業用書類 二百グラム迄	訴訟用及商業用書類 二百五十グラム迄	訴訟用及商業用書類 以上五十グラム毎ニ
亞弗利加西海岸ニーガル保護地、オイルリバー保護地、ダホメー及アシヤンチス	佛國	錢	錢	錢	錢	錢	錢	錢	錢	錢	錢	錢	錢	錢	錢
モロッコ(タンゼル、ラレーシユ、ラバット、カサブランカ、サフイー、マザガン及モガドルハ除ク)(乙)	佛國若クハ英國														
亞弗利加西海岸土人領(リベリアハ除ク)(乙)	英國														
アスセンション島(南太西洋)	英國														
マダガスカル(セントマリー、タマテーブ及マジユンガーハ除ク)(乙)	英國														
天津及芝罘	直航、朝鮮若クハ上海	五	一〇	二	四	一	二	二	一	五	五	五	五	五	一
嘉興、ウオルガー、淡水及打狗(丙)	上海														
鎭江、宜昌、九江、南京、溫州、蕪湖、牛莊及太沽	上海、天津若クハ芝罘	五	一五	…	…	一	二	二	一	五	五	五	五	五	一
北京	上海、天津若クハ芝罘	一〇	二〇	…	…	四	五	八	四	八	一一	一四	一七	二〇	四

備考

甲 郵便税ハ英領印度ノ國境ヲ離ルヽ後ハ其効力ヲ有セス

乙 郵便物ハ配達ノ際更ニ増手數料ヲ課セラルヘシ

丙 郵便税ハ上海迄其効力ヲ有ス

重量一「グラム」ハ二分六厘六毛六七〇十五「グラム」ハ四匁〇〇〇〇五〇五十「グラム」ハ十三匁三分三厘三毛五〇

現行外国宛郵便税表

明治27年

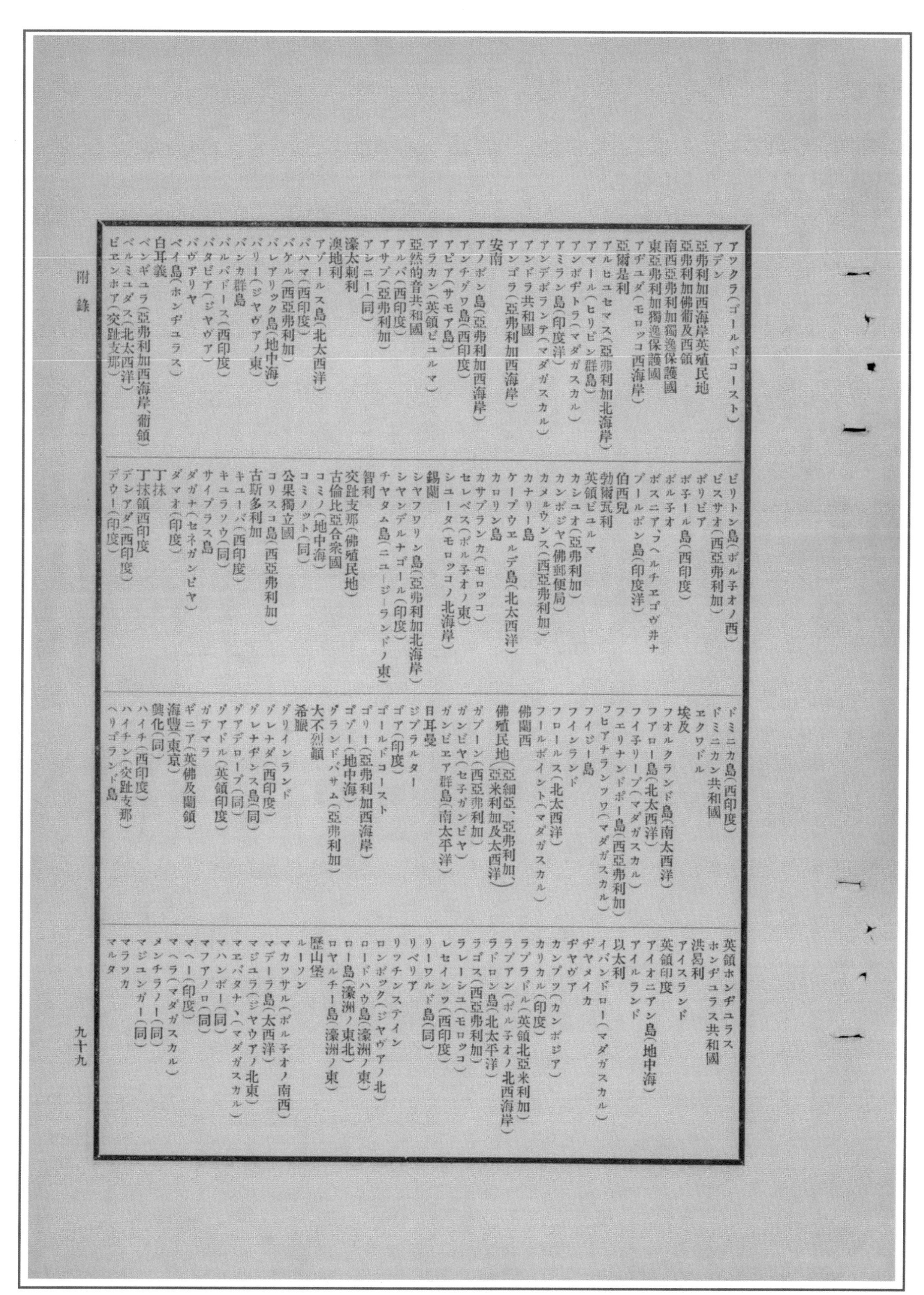

附錄

アックラ（ゴールドコースト）
アデン
亞弗利加西海岸英殖民地
亞弗利加佛葡及西領
南西亞弗利加獨逸保護國
東亞弗利加獨逸保護國
アヂユダ（モロッコ西海岸）
亞爾是利
アルヒユセマス（亞弗利加北海岸）
アマール（ヒリピン群島）
アンボヂトラ（マダガスカル）
アミラン島（印度洋）
アンデボランテ（マダガスカル）
アンドラ共和國
アンゴラ（亞弗利加西海岸）
安南
アノボン島（亞弗利加西海岸）
アンチグワ島（西印度）
アピア（サモア島）
アラカン（英領ビユルマ）
亞然的音共和國
アルバ（西印度）
アサブ（亞弗利加）
アシニー（同）
濠太剌利
澳地利
アゾールス島（北太西洋）
バハマ（西印度）
バケル（西亞弗利加）
バレアリック島（地中海）
バリー（ジヤヴアノ東）
バンカ群島
バルバドース（西印度）
バタビア（ジヤヴア）
バヴアリヤ
ベイ島（ホンヂユラス）
白耳義
ベンギユラ（亞弗利加西海岸、葡領）
ベルミユダス（北太西洋）
ビエンホア（交趾支那）

ビリトン島（ボル子オノ西）
ビスサオ（西亞弗利加）
ボリビア
ボ子ール島（西印度）
ボル子オ
ボスニア、フヘルチエゴヴ井ナ
ブールボン島（印度洋）
伯西兒
勃爾瓦利
英領ビユルマ
カシユオ（亞弗利加）
カンボジヤ（佛郵便局）
カメルウンス（西亞弗利加）
カナリー島
ケープウエルデ島（北太西洋）
カロリン島
カサブランカ（モロッコ）
セレベス（ボル子オノ東）
シユータ（モロッコノ北海岸）
錫蘭
シヤフワリン島（亞弗利加北海岸）
シヤンデルナゴール（印度）
チヤタム島（ニユージーランドノ東）
智利
交趾支那（佛殖民地）
古倫比亞合衆國
コミノ（地中海）
コミノット（同）
公果獨立國
コリスコ島（西亞弗利加）
古斯多利加
キユーバ（西印度）
キユラソウ（同）
サイプラス島
ダガナ（セネガンビヤ）
ダマオ（印度）
丁抹
丁抹領西印度
デシアダ（西印度）
デウー（印度）

ドミニカ島（西印度）
ドミニカン共和國
エクワドル
埃及
フオルクランド島（南太西洋）
フアロー島（北太西洋）
フイ子リーブ（マダガスカル）
フエリナンドポー島（西亞弗利加）
フヒアナランツワ（マダガスカル）
フイジー島
フインランド
フロールス（北太西洋）
フールポイント（マダガスカル）
佛蘭西
佛殖民地（亞細亞、亞弗利加、亞米利加及太西洋）
ガブーン（西亞弗利加）
ガンビヤ（セ子ガンビヤ）
ガンビエア群島（南太平洋）
日耳曼
ジブラルター
ゴア（印度）
ゴールドコースト
ゴリー（亞弗利加西海岸）
ゴゾー（地中海）
グランドバサム（亞弗利加）
大不列顛
希臘
グリインランド
グレナダ（西印度）
グレナヂンス島（同）
グアデロープ（同）
グアドル（英領印度）
ガテマラ
ギニア（英佛及蘭領）
海豐（東京）
興化（同）
ハイチ（西印度）
ハイチン（交趾支那）
ヘリゴランド島

英領ホンヂユラス
ホンヂユラス共和國
洪曷利
アイスランド
英領印度
アイオニアン島（地中海）
アイルランド
以太利
イバンドロー（マダガスカル）
ヂヤメイカ
ヂヤヴア
カンプツ（カンボジア）
カリカル（印度）
ラブラドル（英領北亞米利加）
ラブアン（ボル子オノ北西海岸）
ラドロン島（北太平洋）
ラゴス（西亞弗利加）
ラレーシユ（モロッコ）
レセインツ（西印度）
リーワルド島（同）
リベリア
リツチンステイン
ロンボック（ジヤヴアノ北）
ロードハウ島（濠洲ノ東）
ロー島（濠洲ノ東北）
ロヤルチー島（濠洲ノ東）
歴山堡
ルーソン
マカツサル（ボル子オノ南西）
マデーラ島（太西洋）
マジユラ（ジヤウアノ北東）
マエバタナ、（マダガスカル）
マハンボー（同）
マフアノロ（同）
マヘー（印度）
マヘラ（マダガスカル）
メンチラノー（同）
マジユンガー（同）
マラッカ
マルタ

九十九

現行外国宛郵便税表

明治27年

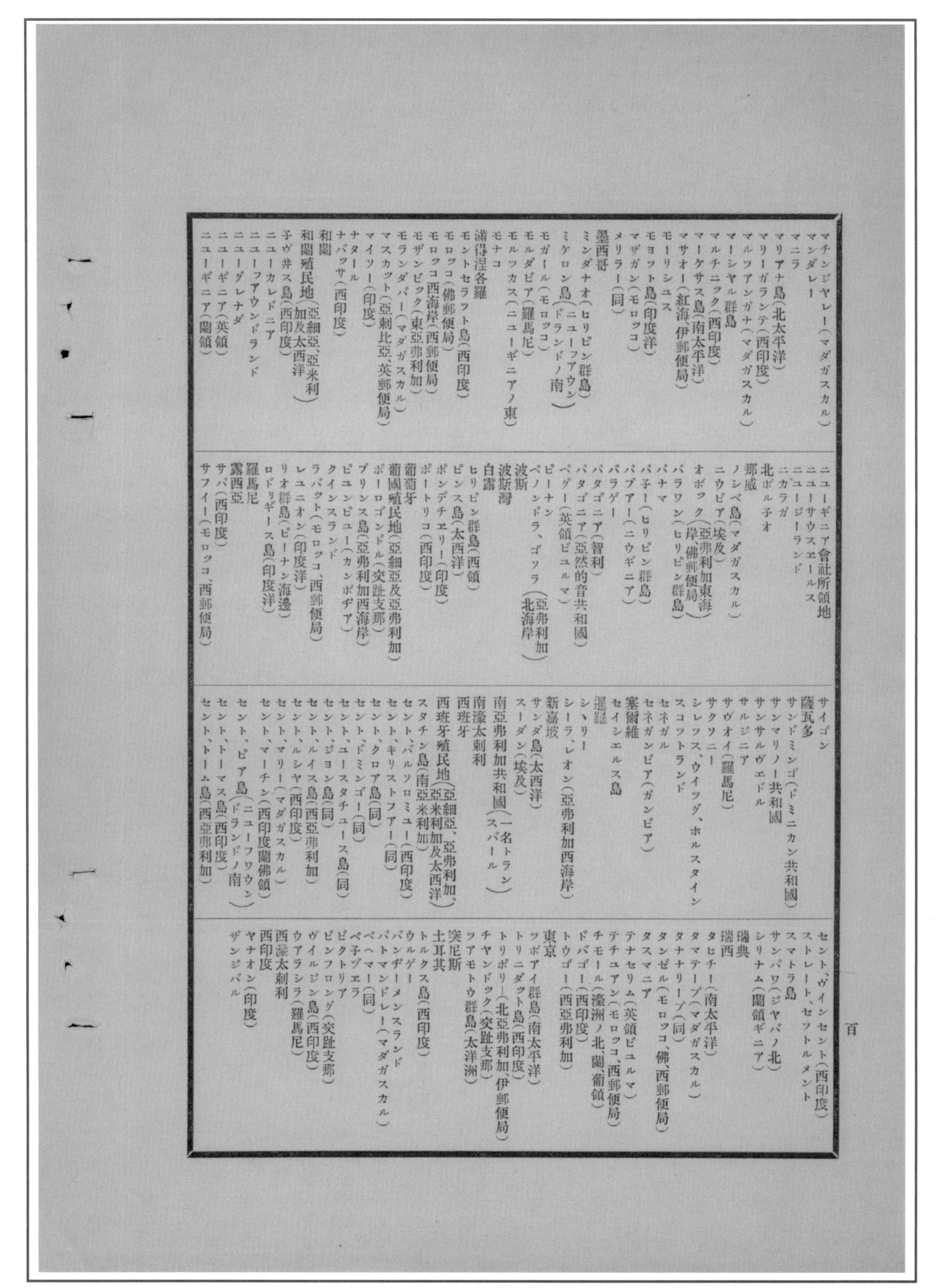

マチンジヤレー(マダガスカル)
マンダレー
マニラ
マリアナ島(北太平洋)
マリーガランテ(西印度)
マルツアンガナ(マダガスカル)
マーシヤル群島
マルチニック(西印度)
マーケサス島(南太平洋)
マサオー(紅海、伊郵便局)
モーリシユス
モヨット島(印度洋)
マザガン(モロッコ)
メリラー(同)
墨西哥
ミンダナオ(ヒリピン群島)
ミケロン島(ニューフアウンドランドノ南)
モガール(モロッコ)
モルダビア(羅馬尼)
モルッカス(ニューギニアノ東)
モナコ
満得涅各羅
モントセラット島(西印度)
モロッコ(佛郵便局)
モロッコ西海岸(西郵便局)
モザンビック(東亞弗利加)
モランダバー(マダガスカル)
マスカット(亞剌比亞、英郵便局)
マイソー(印度)
ナタール
ナバッサ(西印度)
和蘭
和蘭殖民地(亞細亞、亞米利加及太西洋)
子ヴ井ス島(西印度)
ニューカレドニア
ニューフアウンドランド
ニューグレナダ
ニューギニア(英領)
ニューギニア(蘭領)

ニューギニア會社所領地
ニューサウスエールス
ニユージーランド
ニカラガ
北ボル子オ
那威
ノシベ島(マダガスカル)
ニウビア(埃及)
オボック(亞弗利加東海岸、佛郵便局)
パラワン(ヒリピン群島)
パナマ
パ子ー(ヒリピン群島)
パプアー(ニウギニア)
パラゲー
パタゴニア(智利)
パタゴニア(亞然的音共和國)
ペグー(英領ビユルマ)
ピーナン
ペノンドラ、ゴソラ(亞弗利加北海岸)
波斯
波斯灣
白露
ヒリピン群島(西領)
ピンス島(太西洋)
ポンデチエリー(印度)
ポートリコ(西印度)
葡萄牙
葡國殖民地(亞細亞及亞弗利加)
ポーロゴンドル(交趾支那)
プリンス島(亞弗利加西海岸)
ピユンピユー(カンボヂア)
クインスランド
ラバット(モロッコ、西郵便局)
レユニオン(印度洋)
リオ群島(ピーナン海邊)
ロドリギース島(印度洋)
羅馬尼
露西亞
サバ(西印度)
サフイー(モロッコ、西郵便局)

サイゴン
薩瓦多
サンドミンゴ(ドミニカン共和國)
サンマリノー共和國
サンサルヴエドル
サルジニア
サヴオイ(羅馬尼)
サクソニー
シレッス、ウイッグ、ホルスタイン
スコットランド
セネガル
セネガンビア(ガンビア)
塞爾維
セイシエルス島
暹羅
シヽリー
シーラ、レオン(亞弗利加西海岸)
新嘉坡
サンダ島(太西洋)
スーダン(埃及)
南亞弗利加共和國(一名トランスバール)
南濠太剌利
西班牙
西班牙殖民地(亞細亞、亞弗利加、亞米利加及太西洋)
スタチン島(南亞米利加)
セント、バルソロミユー(西印度)
セント、キリストフアー(同)
セント、クロア島(同)
セント、ドミンゴー(同)
セント、ユースタチユース島(同)
セント、ジヨン島(同)
セント、ルイス島(西亞弗利加)
セント、ルシヤ(西印度)
セント、マリー(マダガスカル)
セント、マーチン(西印度蘭佛領)
セント、ピア島(ニユーフワウンドランドノ南)
セント、トーマス島(西印度)
セント、トーム島(西亞弗利加)

セント、ヴインセント(西印度)
ストレート、セットルメント
スマトラ島
サンバワ(ジヤバノ北)
シリナム(蘭領ギニア)
瑞典
瑞西
タヒチー(南太平洋)
タマテーブ(マダガスカル)
タナナリーブ(同)
タンゼル(モロッコ、佛、西郵便局)
タスマニア
テナセリム(英領ビユルマ)
テチユアン(モロッコ、西郵便局)
チモール(濠洲ノ北、蘭、葡領)
ドバゴー(西印度)
トウゴー(西亞弗利加)
東京
ツボアイ群島(南太平洋)
トリニダット島(西印度)
トリポリー(北亞弗利加、伊郵便局)
チヤンドック(交趾支那)
ツアモトウ群島(太洋洲)
突尼斯
土耳其
トルクス島(西印度)
ウルゲー
バンヂーメンスランド
バトマンドレー(マダガスカル)
ベヘマー(同)
ベ子ヅエラ
ビクトリア
ビンフロング(交趾支那)
ヴイルジン島(西印度)
ウアラシラ(羅馬尼)
西濠太剌利
西印度
ヤナオン(印度)
ザンジバル

百

奥付

明治二十九年三月四日印刷
明治二十九年三月六日發行

印刷者　遞信省通信局
印　刷　局

内裏表紙

裏表紙裏

裏表紙